多电平交-交直接变换技术及其应用

李 磊 著

科学出版社

北 京

内 容 简 介

多电平交-交直接变换器具有功率变换级数少、无直流环节、双向功率流、开关管电压应力可降低、输出波形质量高等优点,适用于输入和(或)输出电压高的中大功率交流电能变换场合,对这类变换器及其应用技术的研究具有重要意义。

本书共 19 章,第 1 章系统阐述了多电平变换技术的发展和应用;第 2～5 章提出并详细论述了非隔离式三电平交-交直接变换器;第 6～8 章提出并研究了组合式三电平交-交直接变换器;第 9～13 章提出并系统阐述了 Buck 型高频隔离式三电平交-交直接变换技术;第 14～17 章分别提出了 Boost 型、Buck-Boost 型、Cuk 型和 Sepic 型高频隔离式三电平交-交直接变换技术,并进行了详细分析;第 18 章系统介绍了多电平交-交直接变换器的拓扑推衍方法;第 19 章对多电平交-交直接变换器的应用进行了分析。

本书是一部关于多电平交-交直接变换及其应用技术的专著,集理论性与应用性于一体,并具有较强的创新性,可作为高等院校电力电子及相关专业硕士生、博士生及教师的参考书,也可供从事电力电子技术研究与开发的工程技术人员参考。

图书在版编目(CIP)数据

多电平交-交直接变换技术及其应用/李磊著. —北京:科学出版社,2015
ISBN 978-7-03-046472-9

Ⅰ.①多… Ⅱ.①李… Ⅲ.①交流-变换器-研究 Ⅳ.①TM933.14

中国版本图书馆 CIP 数据核字(2015)第 282641 号

责任编辑:裴 育 / 责任校对:桂伟利
责任印制:徐晓晨 / 封面设计:陈 敬

科 学 出 版 社 出版
北京东黄城根北街 16 号
邮政编码:100717
http://www.sciencep.com

北京中石油彩色印刷有限责任公司 印刷
科学出版社发行 各地新华书店经销
*
2015 年 12 月第 一 版 开本:720×1000 1/16
2021 年 2 月第二次印刷 印张:17 1/4
字数:348 000

定价:120.00 元
(如有印装质量问题,我社负责调换)

前　言

　　三电平逆变器具有开关管电压应力可降低、输出电压谐波小等优点,自 1980 年由 A. Nabae 等提出后,吸引了众多学者的研究兴趣,先后提出了二极管箝位型、飞跨电容型和级联型三电平逆变器和多电平逆变器,并广泛应用于高压大容量交流电机变频调速、电能质量控制等领域。将三电平和多电平逆变器的概念应用于交-交直接变换器,可以得到三电平和多电平交-交直接变换器,同样具有降低开关管电压应力、提高输出波形质量等优点,同时保留了交-交直接变换器的功率变换级数少、双向功率流、无需中间直流环节的电解电容、可靠性高等特点,适用于输入和(或)输出电压高的中大功率交流电能变换场合。因此,研究多电平交-交直接变换及其应用技术具有十分重要的意义。

　　自 2005 年在南京理工大学工作以来,作者开始研究三电平(three-level,TL)和多电平(multi-level,ML)交-交直接变换技术,并得到了国家自然科学青年基金的资助。经过不断研究,作者的研究小组提出了 ML 交-交直接变换技术中的一系列新概念,创造性地构造了完整、统一的 ML 交-交直接变换系统,又先后得到了江苏省自然科学基金和国家自然科学基金的资助。ML 交-交直接变换技术的研究受到了很多同行的关注,他们鼓励作者将研究成果整理成书。作者于今年年初开始本书的整理工作,直到八月份才完成。可以说,本书是作者研究小组近八年研究成果的总结,恳请电力电子与电源界的各位前辈和同行批评指正,提出宝贵意见和建议。

　　本书共 19 章,第 1 章系统阐述 ML 变换技术的发展和应用;第 2 章将 TL 和 ML 的概念引入非隔离式交-交直接变换器中,提出一族输入输出非共地的 TL 交-交直接变换器,并对控制原理和工作原理进行分析;第 3 章对输入输出非共地的 TL 交-交直接变换器进行改进,提出一族输入输出共地的 TL 交-交直接变换器,并对其进行原理分析和仿真验证;第 4 和 5 章分别对 Buck-Boost 型和 Zeta 型 TL 交-交直接变换器的控制策略、工作原理、参数设计进行分析,并进行实验验证;第 6 章提出一族输入输出非共地的组合式 TL 交-交直接变换器,并在此基础上提出改进的输入输出共地的拓扑族;第 7 章对输入输出非共地的组合式 TL 交-交直接变换器的控制原理、工作原理进行分析,并进行仿真验证;第 8 章对 Buck TL-Boost 型组合式 TL 交-交直接变换器的控制策略、工作原理、参数设计进行分析,并进行实验验证;第 9 章提出有源箝位单元,并在此基础上提出 Buck 型高频隔离式 TL 交-交直接变换器的电路结构与拓扑族;第 10～13 章系统分析单端式、推挽式、半桥式和全桥式 Buck 型高频隔离式 TL 交-交直接变换器的控制原理、工作原理、参数设计,并给出仿真和实验验证;第 14～17 章提出 Boost 型、Buck-Boost 型、Cuk 型和 Sepic 型高频隔离式 TL 交-交直接变换器的电路结构与拓扑族,并对控制原理、工作原理和参数设计进行分析,给出仿真和实验验证;第 18 章对 ML 交-交直接变换器的拓扑推衍方法进行研究,系统提出交-交直接变换器的 TL 拓扑和 ML 拓扑,并对其中的 Buck-Boost 型高频隔离式 TL 拓扑进行理论分析和实验验证;第 19 章对 ML 交-交直接变换器的应用进行分析,并给出动态电压调节器和静止同步补偿器两个应用实例的实验结果。

在 ML 交-交直接变换及其应用技术的研究过程中,作者的很多学生先后参与了研究工作,分别是韦徵、杨君东、仲庆龙、唐栋材、杨开明、朱玲、胡伟、赵勤、周振军、许奕伟、付正洲、王涛、朱劲松、刘娇娇、汤迪霏。他们努力、勤奋,勇于创新,付出了大量劳动和心血,为课题的研究作出了重要贡献。我们共同承受研究中的艰难,分享成功的快乐,可以说,本书是我们的呕心沥血之作。在本书的写作过程中,陈博洋、刘志祥、师贺、管月、马爱华同学负责书稿的绘图、排版和校阅等工作,付出了大量的辛勤劳动。在此对他们表示衷心感谢。

在研究期间,作者得到了南京航空航天大学阮新波教授极大的支持和鼓励,在此向阮新波教授表示诚挚的谢意。

本书内容涉及的研究工作得到了国家自然科学基金、江苏省自然科学基金的大力资助,在此表示衷心的感谢。

本书的出版得到了科学出版社的大力支持,特此致谢。

由于作者水平有限,书中难免有疏漏和不妥之处,恳请读者批评指正。

李　磊

2015 年 8 月

于南京理工大学

目　　录

第1章 概　　述

1.1　ML 逆变技术的发展概况

电力电子变换器广泛应用于电能变换、电力拖动等领域,电力电子变换技术也在不断地发展之中。1980 年,日本学者 A. Nabae 等在 IEEE 工业应用年会(IAS)上提出了多电平(ML)逆变器的概念,之后,ML 逆变器就以其独特的优点受到广泛的关注和研究[1]。ML 逆变器具有诸多优点:对于 n 电平的逆变器,每个功率器件承受的电压仅为母线电压的 $1/(n-1)$,从而使得能够用低压器件来实现高压大功率输出;输出电压波形由于电平数目多,使波形畸变(THD)大大减小,改善了装置的电磁干扰(EMI)特性;使功率管关断时的 du/dt 应力减少,在高压大电机驱动中,可有效防止电机转子绕组绝缘击穿。因此,ML 逆变器在高电压大功率的变频调速、有源电力滤波装置、高压直流(HVDC)输电系统和电力系统无功补偿等方面有着越来越广泛的应用。

国内外学者对 ML 逆变技术已做了很多的研究,取得了丰硕的研究成果,提出了不少拓扑结构和控制方法。主要的拓扑类型有二极管中点箝位型、飞跨电容型[2]、独立直流电源级联型和混合级联型[3]、混合箝位型 ML 逆变器[4],如图 1.1 所示。

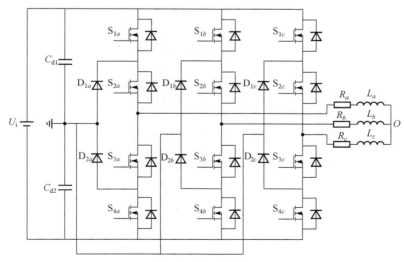

(a) 二极管中点箝位型 TL 逆变器

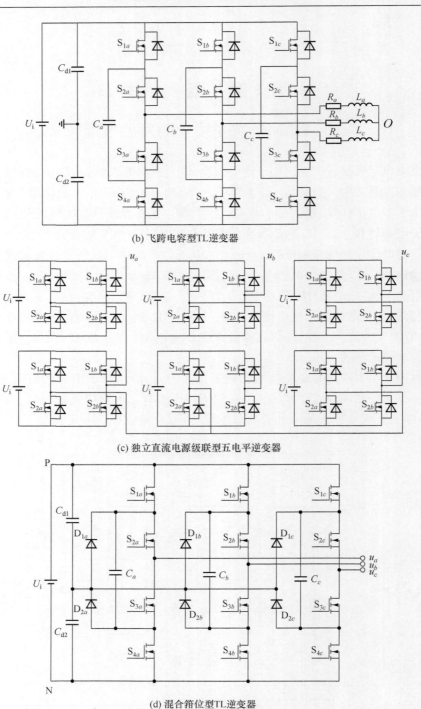

(b) 飞跨电容型TL逆变器

(c) 独立直流电源级联型五电平逆变器

(d) 混合箝位型TL逆变器

图 1.1 ML 逆变器的主要拓扑类型

（1）二极管中点箝位型三电平(TL)逆变器,如图 1.1(a)所示。其优点是便于双向功率流和功率因数控制,缺点是存在输入电容的均压问题。

（2）飞跨电容型 TL 逆变器,如图 1.1(b)所示。由于采用了箝位电容取代箝位二极管,可以省掉大量的箝位二极管,但是引入了不少飞跨电容,对高压系统而言,电容体积大、成本高、封装难。此外,输出相同质量波形时,随着开关频率的增高,该拓扑的开关损耗增大,效率随之降低。该拓扑也存在电容均压问题。

（3）独立直流电源级联型五电平逆变器,如图 1.1(c)所示。其优点是相同数量电平输出时,使用二极管数量少于二极管中点箝位型拓扑。由于采用的是独立的直流电源,不存在电压不平衡的问题。其主要缺点是采用多路的独立直流电源,增加了拓扑的复杂性和成本。

（4）混合级联型 ML 逆变器,是独立直流电源级联型的改进型,两者的结构基本相同,不同之处在于独立直流电源级联型的直流电源电压均相等,而混合级联型的直流电源电压不相等。

（5）混合箝位型 TL 逆变器,如图 1.1(d)所示。它采用了二极管和飞跨电容同时箝位,解决了功率开关的电压应力过高的问题。

ML 逆变器主要的控制方法有阶梯波脉宽调制法、特定消谐波 PWM 法、ML 载波 PWM 法、ML 空间矢量 PWM 法、Sigma-delta 调制法(SDM 法)等。

（1）阶梯波脉宽调制法就是用阶梯波来逼近正弦波,是一种比较直观的方法。

（2）特定消谐波 PWM 法也称作开关点预制的 PWM 方法,这种方法以阶梯波脉宽调制法为基础,其原理是在阶梯波上通过选择适当的"凹槽",有选择性地消除特定次谐波,从而达到提高输出波形质量的目的。

（3）ML 载波 PWM 法虽然来源于两电平的 SPWM 技术,但是由于 ML 逆变器特殊的结构,其载波技术又不同于两电平的载波技术。ML 逆变器中由于开关管多,所以载波和调制波都不止一个,每一个载波和调制波都有多个控制自由度,这些自由度包括频率、幅值和偏移量等。通过自由度的不同组合,将会产生大量载波 PWM 技术。其中最具有代表性的主要有三种,即分谐波 PWM 法、开关频率优化 PWM 法、三角载波移相 PWM 法。

（4）ML 空间矢量 PWM 法和两电平空间矢量 PWM 法一样,都是建立在空间矢量合成概念上的 PWM 方法。为了减少谐波,一般是用落在特定小三角形内的三个定点的电压矢量来合成空间矢量。

（5）SDM 法是一种在离散脉冲调制系统中合成电压波形的技术。该方法的控制部分主要有三个环节,即误差的积分环节、量化环节、采样环节。

1.2　ML 直-直变换技术的发展概况

ML 直-直变换技术是在 ML 逆变技术的基础上发展起来的[5~13]。1992 年，Meynard 和 Foch 提出飞跨电容箝位型 ML 逆变器的同时[2]，也提出了几种非隔离的飞跨电容型 ML 直-直变换器。同年，巴西的 Pinheiro 和 Barbi 在 IEEE 工业电子、控制、仪器和自动化(IECON)会议上提出了 TL 直-直变换器的概念，研究成果发表在 IEEE 工业电子等期刊和会议上[14~17]。南京航空航天大学的阮新波教授对 TL 直-直变换器及其软开关技术进行了系统、深入、全面的研究，取得了诸多创新性研究成果[18,19]。

TL 直-直变换器的拓扑结构，可以根据二极管箝位型 TL 逆变器的工作原理，从中提取出 TL 开关单元，并将其应用到直-直变换器拓扑中，再经过适当的简化等方法，可构成 TL 直-直变换器拓扑族。TL 开关单元的提取过程，如图 1.2 所示。为了使两电平逆变器桥臂中的功率开关的电压应力减小为原来的一半，可用两个串联的功率开关代替原来的单个功率开关。为了解决串联的两个功率开关的均压问题，引入了箝位二极管，将每个功率开关两端的电压控制为输入电压的一半，这样就得到了二极管箝位型 TL 逆变器中的 TL 桥臂，如图 1.2(a)所示。从 TL 桥臂中，可以提取出正向连接 TL 开关单元和负向连接 TL 开关单元，如图 1.2(b)和图 1.2(c)所示。

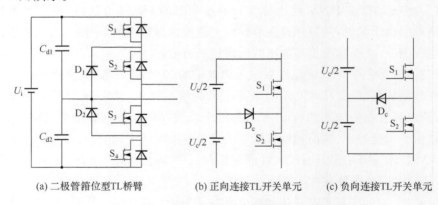

(a) 二极管箝位型TL桥臂　　　(b) 正向连接TL开关单元　　　(c) 负向连接TL开关单元

图 1.2　TL 开关单元的提取

基于 TL 开关单元思想，可对两电平直-直变换器的拓扑结构进行改进，便可得到一系列的 TL 拓扑。改进过程如下：首先将两电平直-直变换器拓扑结构中的功率开关用两个串联的功率开关代替，然后寻找箝位电压源，方法是将拓扑结构中电势差最大的两点之间加入两个串联的分压电容，再用箝位二极管连接两个串联电容和串联功率开关的中点，箝位二极管的方向由变换器工作电流的流向决定，最后经过化简即可得到 TL 直-直变换器拓扑族。其中，Buck 型非隔离式和高频隔离式 TL 直-直变换器的电路拓扑如图 1.3 所示。

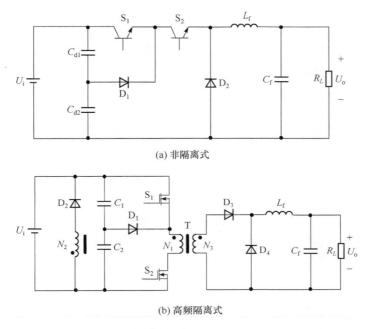

(a) 非隔离式

(b) 高频隔离式

图 1.3　Buck 型 TL 直-直变换器的电路拓扑

　　TL 直-直变换器最大的优点是可以降低功率开关的电压应力，因此适用于输入和(或)输出电压较高的场合[20,21]。而有些变换器如 Buck、Boost、Buck-Boost、Cuk、Sepic 和 Zeta 型等 TL 直-直变换器，还可以大大减小储能元件电感、电容等的大小，从而改善变换器的动态性能，减小体积和重量。TL 直-直变换器不仅可以广泛应用于通信电源、功率因数校正等场合，还可以应用于船舶、高速电气铁路、城市轨道交通等高电压场合和低压大电流等场合[18]。

1.3　ML 交-交变换技术的发展概况

　　近年来，随着电力电子技术的发展，交-交变换技术的应用领域不断向高电压、大容量电能变换拓展，如电力电子变压器、正弦交流调压器、交流斩波器和柔性交流输电系统(FACTS)控制器等。在高压电能变换领域中，现有器件的电压等级往往不能满足装置的需要，而且高压器件的价格也比较昂贵。ML 技术是解决这一问题的有效方法。同时，ML 变换器采用较多的电平数去逼近所希望的波形，从而可以大大减小滤波器的体积和重量、提高输出波形质量。

迄今为止,国内外电力电子研究人员对于交-交变换器的研究,主要集中在非隔离式、低频和高频隔离式等两电平交-交变换器[22,23],而对于 ML 交-交变换器的研究主要包括:

一种应用于潮流控制器的模块化 ML 交-交变换器(M²LC)拓扑[24,25],如图 1.4(a)所示。该拓扑主要由四个图 1.4(b)所示的级联型 ML 逆变器模块 MLC 构成,其实质为非隔离式交-直-交型 ML 交-交变换器。该变换器具有双向功率流、输出电压可控、电压传输比可为 1、模块化、适用于高压大容量交-交变换等优点,但存在拓扑复杂、功率变换级数偏多(低频交流 LFAC-直流 DC-低频交流 LFAC)、无电气隔离、输入侧功率因数低、变换效率和功率密度偏低、控制复杂等缺陷。

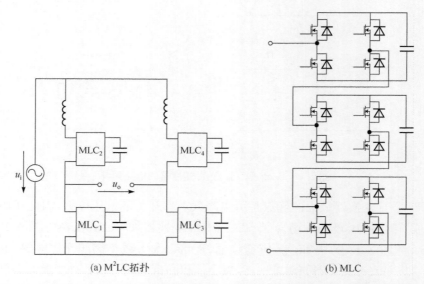

(a) M²LC拓扑　　　　　　　　　　　　(b) MLC

图 1.4　模块化 ML 交-交变换器(M²LC)拓扑和级联型 ML 逆变器模块(MLC)

以 M²LC 为核心构成的中频隔离式交-直-交型 ML 交-交变换器[26],可用于交流调速系统或供给交流负载。其电路结构由 M²LC、中频变压器、整流器、逆变器和滤波电感等构成,如图 1.5 所示,具有电气隔离、输出电压可控、模块化、适用于高压大容量交-交变换等优点,但存在拓扑复杂、功率变换级数多(LFAC-DC-中频交流 MFAC-DC-LFAC)、输入侧功率因数低、变换效率和功率密度低、体积和重量大、控制复杂等缺陷。

低频隔离式交-直-交型 ML 交-交变换器拓扑[27],如图 1.6 所示。该变换器先将输入交流电整流,再利用 n 个逆变器模块进行逆变,最后经低频变压器隔离、级联,从而得到多电平的输出交流电。该变换器具有电气隔离、两级功率变换

（LFAC-DC-LFAC）、输出电压可控、模块化等优点,但存在拓扑偏复杂、单向功率流、输入侧功率因数低、变换效率偏低、功率密度低、体积和重量大、控制偏复杂、不适用于高压大容量交-交变换等缺陷。

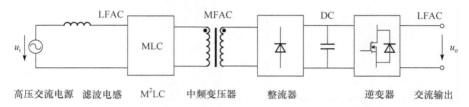

图 1.5　中频隔离式交-直-交型 ML 交-交变换器的电路结构

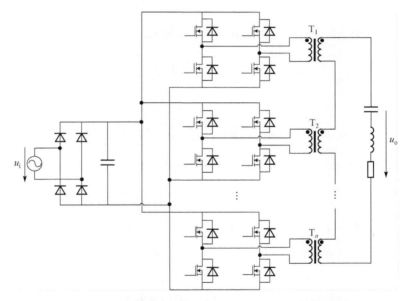

图 1.6　低频隔离式交-直-交型 ML 交-交变换器拓扑

　　一种 Buck 型高频隔离式交-直-交型 ML 交-交变换器拓扑[28],如图 1.7 所示。该拓扑实现了高频电气隔离,但存在拓扑偏复杂、功率变换级数偏多(LFAC-DC-高频交流 HFAC-LFAC)、单向功率流、输入侧功率因数低、变换效率和功率密度偏低、逆变桥功率开关的电压应力未降低等缺陷。

　　新型的 Buck 型非隔离式 TL 交-交直接变换器拓扑[29~31],如图 1.8 所示。该拓扑由四象限功率开关 $S_1 \sim S_4$ 和箝位电容 C 等构成,可以通过 PWM 控制,采用较多的电平数来减小输出滤波器、提高输出波形的质量。该变换器具有拓扑简洁、单级功率变换(LFAC-LFAC)、双向功率流、输入侧功率因数高、输出滤波器前端电压频谱特性好、变换效率和功率密度高、控制较简单、适用于高压交-交变换等优点,但拓扑形式单一、只能降压变换、输出与输入无电气隔离。

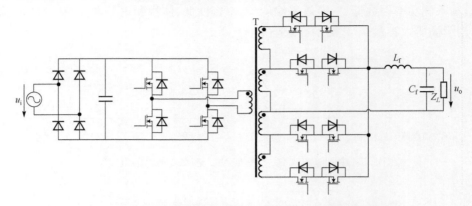

图 1.7　Buck 型高频隔离式交-直-交型 ML 交-交变换器拓扑

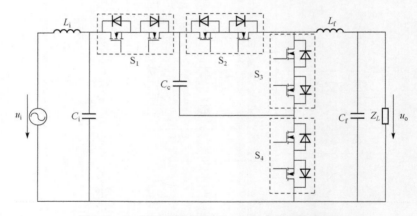

图 1.8　Buck 型非隔离式 TL 交-交直接变换器拓扑

新颖的 ML 矩阵变换器,如图 1.9 所示[32]。该拓扑是在矩阵变换器的基础上增加了多个箝位电容而构成的。可以通过空间电压矢量控制,采用较多的电平数来减小输出滤波器、提高输出波形的质量。该变换器具有单级功率变换(LFAC-LFAC)、双向功率流、输入侧可达到单位功率因数、功率密度高、可变频输出、适用于高压大容量交-交变换等优点,但输入与输出之间无电气隔离,而且拓扑形式单一、较复杂,控制也较复杂。

综上,目前人们对 ML 交-交变换器的研究,主要有交-直-交型 ML 交-交变换器、Buck 型非隔离式 TL 交-交直接变换器和 ML 矩阵变换器等。它们虽然各具优点,但交-直-交型 ML 交-交变换器,仍存在拓扑复杂、功率变换级数多、输入侧功率因数低、变换效率偏低、功率密度低、控制复杂等缺点;Buck 型非隔离式 TL 交-交直接变换器存在拓扑形式单一、只能降压变换、无电气隔离等缺陷;ML 矩阵

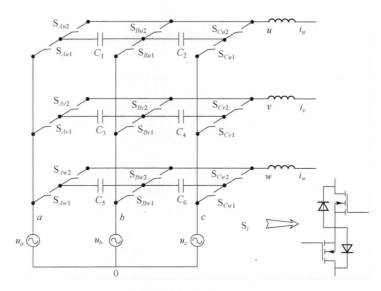

图 1.9 电容箝位的 ML 矩阵变换器

变换器存在拓扑形式单一、控制复杂、无电气隔离等缺点。因此,研究具有(高频电气隔离)、拓扑较简洁、功率变换级数少、双向功率流、输入侧功率因数和变换效率较高、功率密度高、(输出滤波器前端电压频谱特性好)、输出波形质量高、负载适应能力强、控制较简单、适用于高压大容量交-交变换、可靠性高等优点的新型 ML 交-交变换器,具有重要的理论价值和工程应用价值。

对此,作者提出了 ML 交-交直接变换器的基本构成单元和有源箝位的新思想,并从这些新思想出发,提出了 ML 交-交直接变换技术中的一系列新概念,同时提出了非隔离式、高频隔离式 ML 交-交直接变换器的电路结构与拓扑族。ML 交-交直接变换器能够将不稳定的高压/中低压、劣质交流电变换成中低压/高压、稳定(或可调)的同频、优质正弦交流电。创造性地构造了完整、统一的 ML 交-交直接变换系统,深入、全面、系统地阐述了 Buck,Boost,Buck-Boost、Cuk,Sepic,Zeta,Buck TL-Boost 型组合式等非隔离式 TL 交-交直接变换器以及 Buck,Boost,Buck-Boost,Cuk,Sepic 型等高频隔离式 TL 交-交直接变换器的电路拓扑、控制方法、工作原理、参数设计、仿真分析和实验结果,并对 ML 交-交直接变换器的拓扑推衍方法和应用进行了阐述。相关研究成果是实现新型电力电子变压器、正弦交流调压器、交流斩波器、静止同步补偿器和动态电压恢复器等的关键技术基础,在国防、民用和工业等领域的高压、中大容量交-交变换场合,具有广泛的应用前景。

1.4　ML 交-交直接变换技术的应用

近年来,随着电力电子技术的发展,交-交变换技术的应用领域不断向高电压、大容量电能变换拓展。在高压电能变换领域中,现有器件的电压等级往往不能满足装置的需要,并且高压器件的价格也比较昂贵。采用 ML 技术,可以有效解决这一问题,而且通过较多的电平数去逼近所希望的波形,可以大大减小滤波器的体积和重量,提高输出波形的质量。同时,随着能源的紧缺,对电力电子变换器提出了可以实现能量的双向流动、具有更高的变换效率等要求。

针对高电压、中大容量交流电能变换场合的实际应用,作者提出了非隔离式、高频隔离式 ML 交-交直接变换器的一系列电路结构与拓扑族,并进行了系统、深入、细致的研究。新型的 ML 交-交直接变换器,具有(高频电气隔离)、拓扑较简洁、功率变换级数少、双向功率流、输入侧功率因数和变换效率较高、功率密度高、(输出滤波器前端电压频谱特性好)、输出波形质量高、负载适应能力强、控制较简单、适用于高压大容量交-交变换、可靠性高等优点,在国防、民用和工业等领域的高压交-交变换场合具有广泛的应用前景,具体可应用于实现新型的电力电子变压器、正弦交流调压器、交流斩波器、静止同步补偿器和动态电压恢复器等。

例如,在电力系统中,可将新型的 ML 交-交直接变换器应用于静止同步补偿器(STATCOM)。所构成的新型 STATCOM 系统结构,如图 1.10 所示。该系统主要包括同步电路、电流信号采样电路、驱动电路和功率电路等。其中功率电路采用 ML 交-交直接变换器。该 STATCOM 系统具有较高的变换效率、高功率密度、双向功率流、功率器件的电压应力可降低、响应速度快、补偿效果好、可应用于高电压和大功率场合等优点。

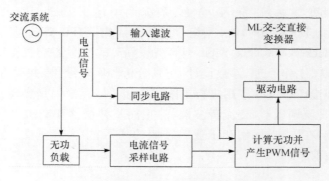

图 1.10　新型的 STATCOM 系统结构

　　动态电压恢复器(DVR)是配电网中的常用设备,在电网电压发生波动时可以进行快速补偿[33]。传统的 DVR 主要由直流储能系统、逆变电路、滤波电路、串联变压器组成。如果电压暂降在多个工频周期内没有恢复,那么直流储能系统将不能维持输出电压的恒定,还需要整流电路来进行能量传输,这样会增加电路损耗、总体价格以及拓扑的复杂度。可将 ML 交-交直接变换技术应用到 DVR 中,如图 1.11 所示。该新型的 DVR 具有双向功率流、功率开关的电压应力可降低、功率密度高、动态响应速度快、抗干扰能力强、可靠性高、可应用于高电压和大功率场合等优点。

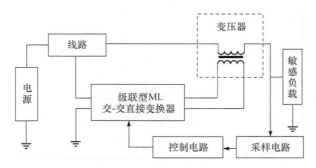

图 1.11　基于 ML 交-交直接变换技术的 DVR

　　随着石油、煤和天然气等主要能源日益紧张,新能源的开发和利用越来越得到人们的重视,分布式发电系统有望成为今后的主要能源来源。电力电子变压器(PET)具有体积小、重量轻、对输出电压的高度可控性等特点,故其可有效地将分布式电源接入电网,此外,PET 还可以接入电力系统以改善电能质量、提高系统的稳定性与可靠性。PET 的灵活性和可控性使其在航空、航天、航海、制造业、冶金等军事、工业领域也能发挥重要作用。

　　可将 ML 交-交直接变换技术应用到 PET 中。所构成的新型的 PET 不仅保留了传统 PET 的特点,而且 ML 技术的引入还为其带来了许多新的优点,如输出电压的幅值与相位可灵活控制、双向功率流、输出电压的谐波含量低、可降低功率开关的电压应力、适用于高压大容量场合等。

本 章 小 结

　　本章系统地阐述了 ML 逆变器、ML 直-直变换器和 ML 交-交变换器的发展、分类和应用。ML 交-交直接变换器可以分为非隔离式和高频电气隔离式两大类,具有(高频电气隔离)、拓扑较简洁、功率变换级数少、双向功率流、输入侧功率因数和变换效率较高、功率密度高、(输出滤波器前端电压频谱特性好)、输出波形质量高、负载适应能力强、控制较简单、适用于高压输入和（或）高压输出的中大容量交-交变换等优点。ML 交-交直接变换器可应用于实现新型电力电子变压器、正弦交流调压器、交流斩波器、静止同步补偿器和动态电压恢复器等，在国防、民用和工业等领域的高压交-交变换场合，具有广泛的应用前景。

第 2 章　输入输出非共地的 TL 交-交直接变换器

2.1　引　　言

本章将 TL 的概念引入交-交直接变换器中,提出一族 TL 交-交直接变换器,包括 Buck、Boost、Buck-Boost、Cuk、Sepic 和 Zeta 型。这类变换器具有单级功率变换(LFAC-LFAC)、非电气隔离、开关管电压应力可降低、三电平波形、输出电压 THD 较小、负载适应能力强、输入和输出不共地等特点。

本章对 Buck、Boost、Buck-Boost、Cuk 和 Sepic 型 TL 交-交直接变换器的控制原理、工作原理进行分析。

2.2　拓　扑　族

本节将多电平的概念引入无中间直流环节的交-交变换器,提出输入输出非共地的 TL 交-交直接变换器的拓扑族,包括 Buck、Boost、Buck-Boost、Cuk、Sepic 和 Zeta 型 6 种拓扑,如图 2.1 所示[34,35]。这类变换器具有单级功率变换(LFAC-LFAC)、开关管电压应力可降低、三电平波形、输出电压 THD 较小、负载能力强、输入与输出非共地等特点。

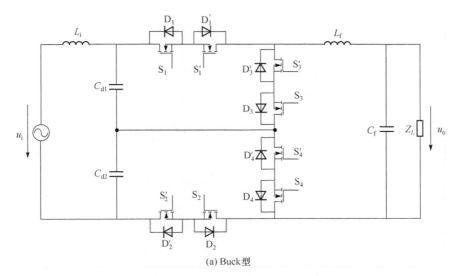

(a) Buck型

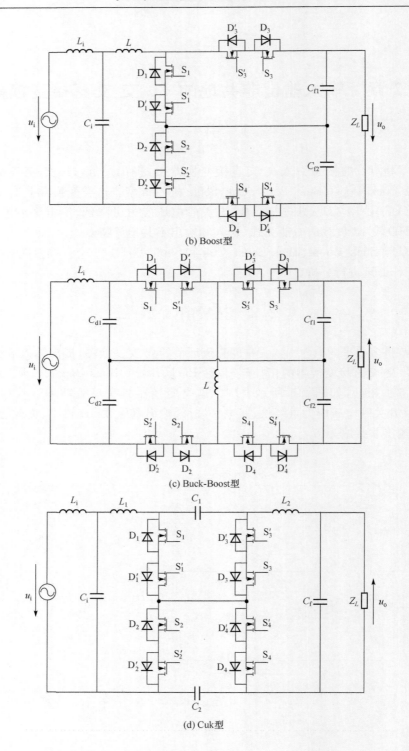

(b) Boost型

(c) Buck-Boost型

(d) Cuk型

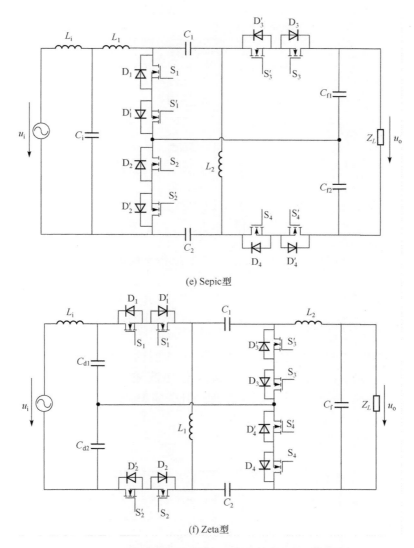

(e) Sepic型

(f) Zeta型

图 2.1　输入输出非共地的 TL 交-交直接变换器拓扑族

2.3　Buck 型 TL 交-交直接变换器

Buck 型 TL 交-交直接变换器的电路拓扑,如图 2.2 所示。其中,C_{d1}、C_{d2} 是输入分压电容;L_i 是输入滤波电感;L_f、C_f 是输出滤波器。

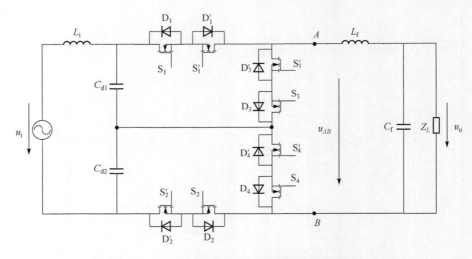

图 2.2　Buck 型 TL 交-交直接变换器的电路拓扑

2.3.1　工作原理

1. CCM、$D \geqslant 0.5$ 时

该变换器输出滤波电感电流 CCM、$D \geqslant 0.5$ 时的主要原理波形,如图 2.3 所示。其中,i_{Lf} 为输出滤波电感电流;u_{AB} 为输出滤波器的前端电压。该变换器 CCM、$D \geqslant 0.5$ 时,在一个开关周期内有四个开关模态,如图 2.4 所示。

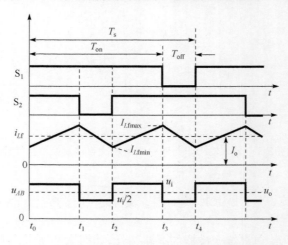

图 2.3　CCM、$D \geqslant 0.5$ 时的主要原理波形

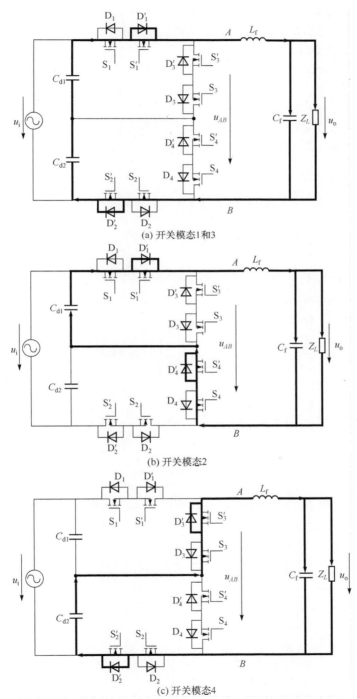

(a) 开关模态1和3

(b) 开关模态2

(c) 开关模态4

图 2.4 CCM、$D \geqslant 0.5$ 时一个开关周期内的开关模态

(1) 开关模态 1$[t_0,t_1]$:如图 2.4(a)所示,功率开关 $S_1(S_1')$ 和 $S_2(S_2')$ 同时导通,输出滤波器的前端电压 u_{AB} 等于输入电压 u_i,输出滤波电感 L_f 上的电流 i_{Lf} 线性增加,i_{Lf} 的表达式如下:

$$i_{Lf}(t)=I_{Lf}(t_0)+\frac{u_i-u_o}{L_f}(t-t_0) \tag{2.1}$$

(2) 开关模态 2$[t_1,t_2]$:如图 2.4(b)所示,$S_1(S_1')$ 继续导通,$S_2(S_2')$ 截止,$u_{AB}=u_i/2$,i_{Lf} 线性下降,其表达式为

$$i_{Lf}(t)=I_{Lf}(t_1)+\frac{\dfrac{u_i}{2}-u_o}{L_f}(t-t_1) \tag{2.2}$$

(3) 开关模态 3$[t_2,t_3]$:此开关模态,变换器的工作情况与开关模态 1 相同,如图 2.4(a)所示。

(4) 开关模态 4$[t_3,t_4]$:此开关模态下,$S_2(S_2')$ 导通,$S_1(S_1')$ 截止,工作情况与开关模态 2 类似,如图 2.4(c)所示。

由变换器的工作原理可得

$$u_o=\frac{1}{T_s}\int_{t_0}^{t_4}u_{AB}\mathrm{d}t=\frac{1}{T_s}\left\{u_i\big[(t_1-t_0)+(t_3-t_2)\big]+\frac{u_i}{2}\big[(t_2-t_1)+(t_4-t_3)\big]\right\}$$
$$=D\cdot u_i \tag{2.3}$$

$$\Delta I_{Lf}=I_{Lfmax}-I_{Lfmin}=\frac{u_i-u_o}{L_f}(t_1-t_0)=\frac{(u_i-u_o)(2D-1)\cdot T_s}{2L_f} \tag{2.4}$$

$$I_o=\frac{1}{2}(I_{Lfmax}+I_{Lfmin}) \tag{2.5}$$

式中,ΔI_{Lf}、I_{Lfmin} 和 I_{Lfmax} 分别为输出滤波电感电流的脉动值、最小值和最大值。由式(2.4)和式(2.5)可知

$$I_{Lfmin}=I_o-\frac{(u_i-u_o)(2D-1)\cdot T_s}{4L_f} \tag{2.6}$$

$$I_{Lfmax}=I_o+\frac{(u_i-u_o)(2D-1)\cdot T_s}{4L_f} \tag{2.7}$$

2. CCM、$D<0.5$ 时

当 CCM、$D<0.5$ 时,该变换器的主要原理波形如图 2.5 所示。该变换器在一个开关周期内有四个开关模态。

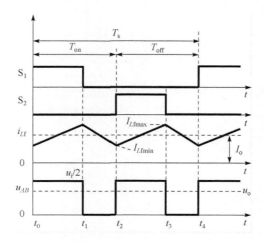

图 2.5　CCM、$D < 0.5$ 时的主要原理波形

（1）开关模态 1 $[t_0, t_1]$：$S_1(S_1')$ 导通，$S_2(S_2')$ 截止，输出滤波器前端电压 $u_{AB} = u_i/2$，输出滤波电感电流 i_{Lf} 的表达式为

$$i_{Lf}(t) = I_{Lf}(t_0) + \frac{\dfrac{u_i}{2} - u_o}{L_f}(t - t_0) \tag{2.8}$$

（2）开关模态 2 $[t_1, t_2]$：$S_1(S_1')$ 和 $S_2(S_2')$ 同时截止，$u_{AB} = 0$，i_{Lf} 的表达式为

$$i_{Lf}(t) = I_{Lf}(t_1) - \frac{u_o}{L_f}(t - t_1) \tag{2.9}$$

（3）开关模态 3 $[t_2, t_3]$：该模态下，$S_2(S_2')$ 导通，$S_1(S_1')$ 截止，变换器的工作情况与开关模态 1 类似。

（4）开关模态 4 $[t_3, t_4]$：该模态下，$S_1(S_1')$ 和 $S_2(S_2')$ 同时截止，变换器的工作情况与开关模态 2 相同。

通过对工作原理的分析，可得

$$u_o = \frac{1}{T_s} \int_{t_0}^{t_4} u_{AB} \, dt = \frac{1}{T_s} \cdot \frac{u_i}{2} \cdot [(t_1 - t_0) + (t_3 - t_2)] = D \cdot u_i \tag{2.10}$$

$$\Delta I_{Lf} = I_{Lfmax} - I_{Lfmin} = \frac{\dfrac{u_i}{2} - u_o}{L_f} \cdot T_{on} = \frac{(u_i - 2u_o)D \cdot T_s}{2L_f} \tag{2.11}$$

$$I_o = \frac{1}{2}(I_{Lfmax} + I_{Lfmin}) \tag{2.12}$$

式中，ΔI_{Lf}、I_{Lfmin} 和 I_{Lfmax} 分别为输出滤波电感电流的脉动量、最小值和最大值。由式（2.11）和式（2.12）可知

$$I_{Lfmin} = I_o - \frac{(u_i - 2u_o)D \cdot T_s}{4L_f} \qquad (2.13)$$

$$I_{Lfmax} = I_o + \frac{(u_i - 2u_o)D \cdot T_s}{4L_f} \qquad (2.14)$$

如果输出滤波电感较小或负载较轻，输出滤波电感电流将会出现断续。当负载电流减小到使 $I_{Lfmin} = 0$ 时，$\Delta I_{Lf} = I_{Lfmax}$，此时的负载电流 I_{omin} 即为电感临界连续电流 I_G，有

$$I_G = I_{omin} = \frac{1}{2}I_{Lfmax} = \frac{1}{2}\Delta I_{Lfmax} \qquad (2.15)$$

3. DCM、$D \geqslant 0.5$ 时

当 DCM、$D \geqslant 0.5$ 时，该变换器的主要原理波形如图 2.6 所示。

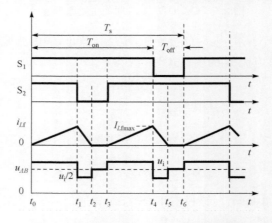

图 2.6　DCM、$D \geqslant 0.5$ 时的主要原理波形

$[t_0, t_1]$ 期间，$S_1(S_1')$ 和 $S_2(S_2')$ 同时导通，$u_{AB} = u_i$，i_{Lf} 从零线性增加，其最大值 I_{Lfmax} 为

$$I_{Lfmax} = \frac{u_i - u_o}{L_f}(t_1 - t_0) = \frac{u_i - u_o}{L_f}\left(D - \frac{1}{2}\right)T_s \qquad (2.16)$$

$[t_1, t_2]$ 期间，$S_1(S_1')$ 导通，$S_2(S_2')$ 截止，i_{Lf} 从 I_{Lfmax} 线性下降，在 t_2 时刻下降到零，有

$$I_{Lfmax} = \frac{u_o - \dfrac{u_i}{2}}{L_f}(t_2 - t_1) \qquad (2.17)$$

$[t_2, t_3]$ 期间，i_{Lf} 为零，负载由输出滤波电容提供能量。后半个开关周期 $[t_3, t_6]$ 内变换器的工作情况与 $[t_0, t_3]$ 类似，不再赘述。

由式(2.16)和式(2.17)可得,DCM 时输出电流的表达式为

$$I_o = \frac{(U_i - U_o) \cdot U_i \cdot T_s}{4(2U_o - U_i) \cdot L_f}(2D - 1)^2 \tag{2.18}$$

4. DCM、$D < 0.5$ 时

当 DCM、$D < 0.5$ 时,该变换器的主要原理波形如图 2.7 所示。

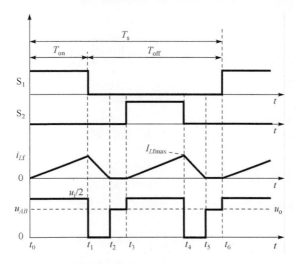

图 2.7　DCM、$D < 0.5$ 时的主要原理波形

$[t_0, t_1]$ 期间,$S_1(S_1')$ 导通,$S_2(S_2')$ 截止,i_{Lf} 从零线性增加,其最大值 I_{Lfmax} 为

$$I_{Lfmax} = \frac{\dfrac{u_i}{2} - u_o}{L_f}(t_1 - t_0) = \frac{\dfrac{u_i}{2} - u_o}{L_f}D \cdot T_s \tag{2.19}$$

$[t_1, t_2]$ 期间,$S_1(S_1')$ 和 $S_2(S_2')$ 同时截止,i_{Lf} 从 I_{Lfmax} 线性下降,在 t_2 时刻下降到零,有

$$I_{Lfmax} = \frac{u_o}{L_f}(t_2 - t_1) \tag{2.20}$$

$[t_2, t_3]$ 期间,i_{Lf} 为零,负载由输出滤波电容提供能量。后半个开关周期 $[t_3, t_6]$ 内变换器的工作情况与 $[t_0, t_3]$ 类似,不再赘述。

由式(2.19)和式(2.20)可得,输出电流为

$$I_o = \frac{(U_i - 2U_o)U_i \cdot T_s}{4U_o \cdot L_f}D^2 \tag{2.21}$$

2.3.2　外特性

1. CCM 时

由式(2.3)和式(2.10)可知,理想情况下 CCM 时的外特性为

$$U_o/U_i = D \qquad\qquad (2.22)$$

2. DCM 时

由式(2.4)、式(2.15)和式(2.22)可得 $D \geqslant 0.5$ 时的临界连续电流 I_G 为

$$I_G = \frac{U_i \cdot T_s}{4L_f}(1-D)(2D-1) \qquad\qquad (2.23)$$

由式(2.23),当 $D=0.75$ 时,I_G 达到最大值,即

$$I_{Gmax} = \frac{U_{imax} \cdot T_s}{32L_f} \qquad\qquad (2.24)$$

由式(2.23)和式(2.24)得

$$I_G = 8I_{Gmax}(1-D)(2D-1) \qquad\qquad (2.25)$$

由式(2.18)和式(2.24)可得,$D \geqslant 0.5$、DCM 时的外特性为

$$\frac{U_o}{U_i} = \frac{1 + \dfrac{I_o}{8I_{Gmax}(2D-1)^2}}{1 + \dfrac{I_o}{4I_{Gmax}(2D-1)^2}} \qquad\qquad (2.26)$$

由式(2.11)、式(2.15)和式(2.22),可以得到 $D < 0.5$ 时的临界连续电流为

$$I_G = \frac{U_i \cdot T_s}{4L_f}D(1-2D) \qquad\qquad (2.27)$$

由式(2.27),当 $D=0.25$ 时,I_G 达到最大值,即

$$I_{Gmax} = \frac{U_i \cdot T_s}{32L_f} \qquad\qquad (2.28)$$

由式(2.27)和式(2.28),可得

$$I_G = 8I_{Gmax} \cdot D(1-2D) \qquad\qquad (2.29)$$

由式(2.21)和式(2.28)可得,$D < 0.5$、DCM 时的外特性为

$$\frac{U_o}{U_i} = \frac{1}{2 + \dfrac{I_G}{8 I_{Gmax} \cdot D^2}} \tag{2.30}$$

2.4　Boost 型 TL 交-交直接变换器

Boost 型 TL 交-交直接变换器的电路拓扑如图 2.8 所示。其中，L 为储能电感；C_{f1}、C_{f2} 为输出分压电容。

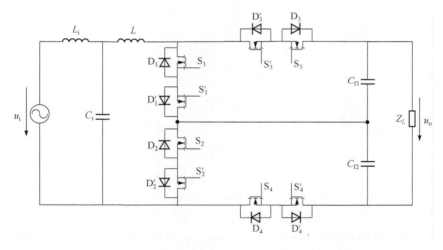

图 2.8　Boost 型 TL 交-交直接变换器的电路拓扑

2.4.1　CCM 时的工作原理

1. CCM、$D \geqslant 0.5$ 时

当 CCM、$D \geqslant 0.5$ 时，该变换器的主要原理波形如图 2.9 所示。在一个开关周期内，变换器有四个开关模态，如图 2.10 所示。为便于分析，假设：①所有开关管、二极管、电感、电容均为理想器件；②$C_{f1} = C_{f2}$，且足够大，可以看成两个电压为 $u_i/2$ 的电压源。

（1）开关模态 1[t_0, t_1]：如图 2.10(a)所示，功率开关 S_1(S_1')、S_2(S_2')同时导通，负载由两只输出滤波电容 C_{f1}、C_{f2} 供电，储能电感 L 的两端电压为输入电压 u_i，L 中电流 i_L 线性增加，其增加量为

$$\Delta i_{L(+)} = \frac{u_i}{L}(t - t_0) = \frac{u_i \cdot T_s}{L}\left(D - \frac{1}{2}\right) \tag{2.31}$$

（2）开关模态 2$[t_1, t_2]$：如图 2.10(b)所示，$S_1(S_1')$继续导通，$S_2(S_2')$截止，L 上的电压 $u_L = u_i - u_o/2$，i_L 线性下降，其减小量为

$$\Delta i_{L(-)} = \frac{\left(\dfrac{u_o}{2} - u_i\right) T_s}{L}(1-D) \tag{2.32}$$

（3）开关模态 3$[t_2, t_3]$：$S_1(S_1')$、$S_2(S_2')$同时导通，该模态的工作情况与开关模态 1 相同。

（4）开关模态 4$[t_3, t_4]$：如图 2.10(c)所示，$S_1(S_1')$截止，$S_2(S_2')$导通，L 上的电压 $u_L = u_i - u_o/2$，i_L 线性下降，其减小量如式(2.32)所示。

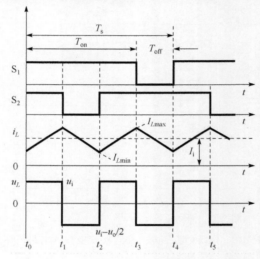

图 2.9　CCM、$D \geqslant 0.5$ 时的主要原理波形

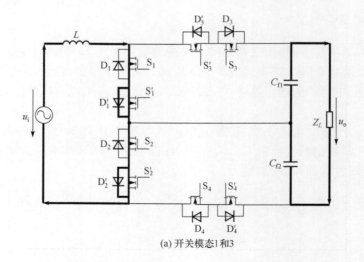

(a) 开关模态1和3

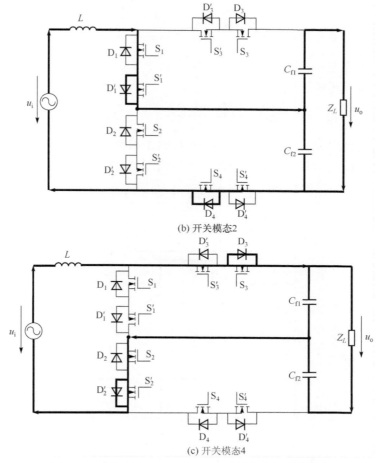

(b) 开关模态2

(c) 开关模态4

图 2.10　CCM、$D \geqslant 0.5$ 时一个开关周期内的开关模态

变换器稳态工作时,储能电感电流在一个开关周期内的增加量应等于它的减小量,即

$$\Delta i_{L(+)} = \Delta i_{L(-)} \tag{2.33}$$

由式(2.31)~式(2.33)得

$$\frac{U_o}{U_i} = \frac{1}{1-D} \tag{2.34}$$

2. CCM、$D < 0.5$ 时

当 CCM、$D < 0.5$ 时,该变换器的主要原理波形如图 2.11 所示。在一个开关周期内,变换器有四个开关模态,如图 2.12 所示。

(1) 开关模态 1$[t_0, t_1]$:如图 2.12(a)所示,$S_1(S_1')$导通,$S_2(S_2')$截止,储能电感 L 的两端电压 $u_L = u_i - u_o/2$,i_L 线性增加,其增长量为

$$\Delta i_{L(+)}=\frac{u_{\mathrm{i}}-\dfrac{u_{\mathrm{o}}}{2}}{L}(t-t_0)=\frac{\left(u_{\mathrm{i}}-\dfrac{u_{\mathrm{o}}}{2}\right)T_{\mathrm{s}}}{L}D \qquad (2.35)$$

(2) 开关模态 $2[t_1,t_2]$：如图 2.12(b)所示，$S_1(S_1')$ 和 $S_2(S_2')$ 均截止，$u_L=u_{\mathrm{i}}-u_{\mathrm{o}}$，$i_L$ 线性下降，其减小量为

$$\Delta i_{L(-)}=\frac{(u_{\mathrm{o}}-u_{\mathrm{i}})T_{\mathrm{s}}}{L_b}\left(\frac{1}{2}-D\right) \qquad (2.36)$$

(3) 开关模态 $3[t_2,t_3]$：该模态与开关模态 1 相类似，如图 2.10(c)所示。

(4) 开关模态 $4[t_3,t_4]$：该模态的工作情况与开关模态 2 相同。

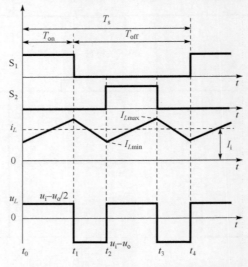

图 2.11　CCM、$D<0.5$ 时的主要原理波形

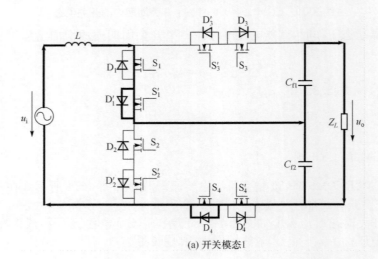

(a) 开关模态1

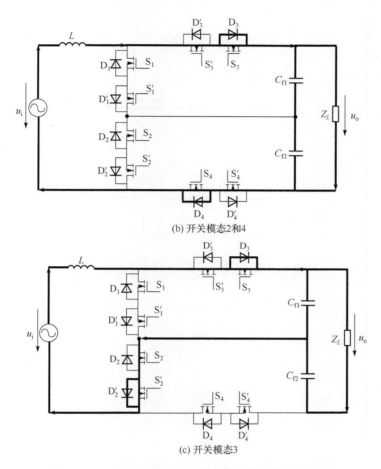

(b) 开关模态2和4

(c) 开关模态3

图 2.12　CCM、$D<0.5$ 时一个开关周期内的开关模态

变换器稳态工作时，一个开关周期内的储能电感电流的增加量应等于它的减小量，即

$$\Delta i_{L(+)} = \Delta i_{L(-)} \tag{2.37}$$

由式(2.35)、式(2.36)和式(2.37)可得

$$\frac{U_{o}}{U_{i}} = \frac{1}{1-D} \tag{2.38}$$

2.4.2　DCM 时的工作原理

1. DCM、$D \geqslant 0.5$ 时

当 DCM、$D \geqslant 0.5$ 时，该变换器的主要原理波形如图 2.13 所示。

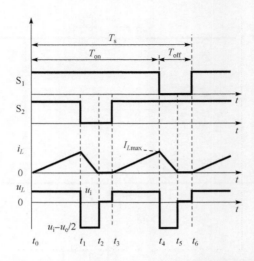

图 2.13　DCM、$D \geqslant 0.5$ 时的主要原理波形

$[t_0, t_1]$ 期间，$S_1(S_1')$ 和 $S_2(S_2')$ 同时导通，储能电感电流 i_L 从零线性增加，其最大值为

$$I_{Lmax} = \frac{u_i}{L}(t_1 - t_0) = \frac{u_i}{L}\left(D - \frac{1}{2}\right)T_s \tag{2.39}$$

$[t_1, t_2]$ 期间，$S_1(S_1')$ 导通，$S_2(S_2')$ 截止，i_L 从 i_{Lmax} 线性下降，在 t_2 时刻下降到零，有

$$I_{Lmax} = \frac{\dfrac{u_o}{2} - u_i}{L}(t_2 - t_1) \tag{2.40}$$

$[t_2, t_3]$ 期间，i_L 为零，负载由输出滤波电容提供能量。

输出电流 I_o 为 $[t_1, t_2]$ 期间储能电感电流在半个开关周期中的平均值，由式(2.39)和式(2.40)可得

$$I_o = \frac{U_i^2 \cdot T_s}{2(U_o - 2U_i) \cdot L}(2D-1)^2 \tag{2.41}$$

2. DCM、$D < 0.5$ 时

当 DCM、$D < 0.5$ 时，该变换器的主要原理波形如图 2.14 所示。

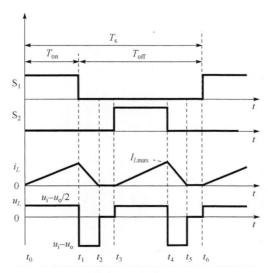

图 2.14　DCM、$D<0.5$ 时的主要原理波形

$[t_0,t_1]$ 期间，$S_1(S_1')$ 导通，$S_2(S_2')$ 截止，i_L 从零线性增加，其最大值为

$$I_{L\max}=\frac{u_i-\dfrac{u_o}{2}}{L}(t_1-t_0)=\frac{u_i-\dfrac{u_o}{2}}{L}D\cdot T_s \tag{2.42}$$

$[t_1,t_2]$ 期间，$S_1(S_1')$ 和 $S_2(S_2')$ 截止，i_L 从 $i_{L\max}$ 线性下降，在 t_2 时刻下降到零，有

$$I_{L\max}=\frac{u_o-u_i}{L}(t_2-t_1) \tag{2.43}$$

$[t_2,t_3]$ 期间，i_L 为零，负载由输出滤波电容供电。由式(2.42)和式(2.43)可得，输出电流为

$$I_o=\frac{(2U_i-U_o)U_o\cdot T_s}{4(U_o-U_i)L}D^2 \tag{2.44}$$

2.4.3　控制特性

1. CCM 时

由式(2.34)和式(2.38)可知，CCM 时变换器的输出和输入电压比为

$$U_o/U_i=1/(1-D) \tag{2.45}$$

2. DCM 时

当负载电流减小到使 $I_{L\min}=0$ 时，$\Delta I_L=I_{L\max}$，此时的负载电流 $I_{o\min}$ 即为电感临界连续电流 I_{oG}。

当 $D\geqslant 0.5$ 时，有

$$I_{oG}=\left(\frac{T_s}{2}\right)^{-1}\cdot\frac{1}{2}I_{L\max}(T_s-T_{on})=\frac{U_i}{2L}(2D-1)(1-D)T_s \tag{2.46}$$

由式(2.46)得,当 $D=0.75$ 时, I_{oG} 的最大值为

$$I_{oGmax}=\frac{U_{imax} \cdot T_s}{16L} \tag{2.47}$$

当 $D<0.5$ 时,有

$$I_{oG}=\frac{1}{2}I_{Lmax}=\frac{U_i \cdot T_s}{4L} \cdot \frac{1-2D}{1-D} \cdot D \tag{2.48}$$

由式(2.48),当 $D=0.293$ 时, I_{oG} 的最大值为

$$I_{oGmax}=\frac{U_{imax} \cdot T_s}{23.3L} \tag{2.49}$$

取 $D \geqslant 0.5$ 时的 I_{oGmax} 为电感临界连续电流 I_{oG} 的基准值,即

$$I_{oGmax}=\frac{U_{imax} \cdot T_s}{16L} \tag{2.50}$$

由式(2.46)、式(2.48)和式(2.50),可得 I_{oG} 在不同占空比时的标幺值为

$$I_{oG}^*=4(1-2D)D/(1-D) \quad (D<0.5) \tag{2.51}$$

$$I_{oG}^*=8(2D-1)(1-D) \quad (D \geqslant 0.5) \tag{2.52}$$

由式(2.51)及式(2.52)得到的 I_{oG}^*-D 关系曲线,如图2.15所示。

由式(2.41)、式(2.44)和式(2.50),可得 DCM 时变换器的输出和输入电压比为

$$\frac{U_o}{U_i}=\frac{8D^2-I_o^*+\sqrt{I_o^{*2}+64D^2}}{8D^2} \quad (D<0.5) \tag{2.53}$$

$$\frac{U_o}{U_i}=\frac{8(2D-1)^2}{I_o^*}+2 \quad (D \geqslant 0.5) \tag{2.54}$$

式(2.53)和式(2.54)中, $I_o^*=I_o/I_{oGmax}$ 。由式(2.45)和式(2.53)、式(2.54)绘出的控制特性曲线如图2.16所示。

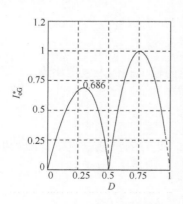

图 2.15　I_{oG}^*-D 的关系曲线

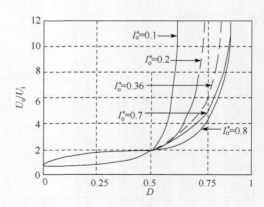

图 2.16　控制特性曲线

2.5　Buck-Boost 型 TL 交-交直接变换器

Buck-Boost 型 TL 交-交直接变换器的电路拓扑如图 2.17 所示。其中，C_{d1}、C_{d2} 是输入分压电容；C_{f1}、C_{f2} 是输出分压电容；L 是储能电感。

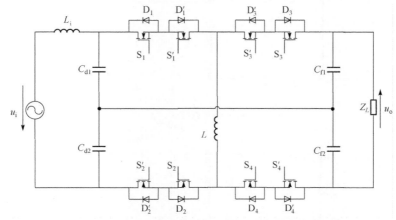

图 2.17　Buck-Boost 型 TL 交-交直接变换器的电路拓扑

2.5.1　CCM 时的工作原理

1. CCM、$D \geqslant 0.5$ 时

当 CCM、$D \geqslant 0.5$ 时，该变换器的主要原理波形如图 2.18 所示。变换器稳态工作时在一个开关周期内有四个开关模态，如图 2.19 所示。

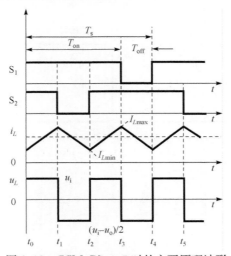

图 2.18　CCM、$D \geqslant 0.5$ 时的主要原理波形

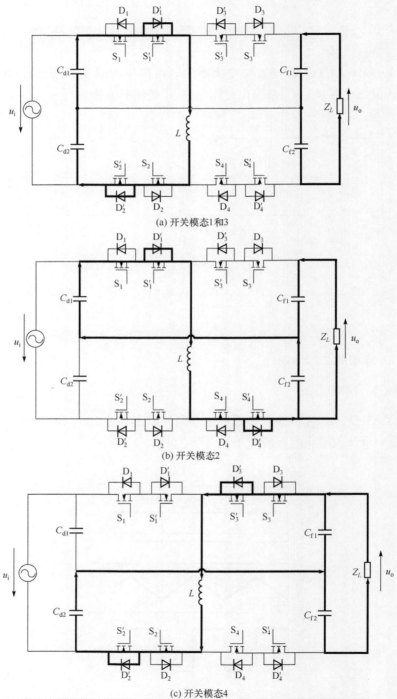

(a) 开关模态1和3

(b) 开关模态2

(c) 开关模态4

图 2.19 CCM、$D \geqslant 0.5$ 时一个开关周期内的开关模态

为便于分析，做如下假设：①所有功率开关、二极管、电感、电容均为理想元件；②$C_{d1} = C_{d2}$，且足够大，可看成电压为 $u_i/2$ 的电压源；③$C_{f1} = C_{f2}$，且足够大，可看成电压为 $u_o/2$ 的电压源。

（1）开关模态 1$[t_0, t_1]$：如图 2.19(a) 所示，功率开关 $S_1(S_1')$ 和 $S_2(S_2')$ 同时导通，交流负载由两只输出滤波电容 C_{f1}、C_{f2} 供电，储能电感 L 的两端电压 u_L 为输入电压 u_i，L 的电流 i_L 线性增加，其增加量为

$$\Delta i_{L(+)} = \frac{u_i}{L}(t - t_0) = \frac{u_i}{L}\left(T_{on} - \frac{T_s}{2}\right) = \frac{u_i \cdot T_s}{L}\left(D - \frac{1}{2}\right) \tag{2.55}$$

（2）开关模态 2$[t_1, t_2]$：如图 2.19(b) 所示，$S_1(S_1')$ 继续导通，$S_2(S_2')$ 截止，$u_L = (u_i - u_o)/2$，i_L 线性下降，其减小量为

$$\Delta i_{L(-)} = \frac{(u_o - u_i)T_s}{2L}(1 - D) \tag{2.56}$$

（3）开关模态 3$[t_2, t_3]$：该模态的工作情况与开关模态 1 相同，如图 2.19(a) 所示。

（4）开关模态 4$[t_3, t_4]$：如图 2.19(c) 所示，该模态的工作情况与开关模态 2 类似，不再赘述。

变换器稳态工作时，在一个开关周期内储能电感电流的增加量应等于减小量，即

$$\Delta i_{L(+)} = \Delta i_{L(-)} \tag{2.57}$$

由式(2.55)、式(2.56)和式(2.57)，可得

$$\frac{U_o}{U_i} = \frac{D}{1 - D} \tag{2.58}$$

2. CCM、$D < 0.5$ 时

当 CCM、$D < 0.5$ 时，变换器的主要原理波形如图 2.20 所示。变换器稳态工作时在一个开关周期内有四个开关模态，如图 2.21 所示。

（1）开关模态 1$[t_0, t_1]$：如图 2.21(a) 所示，$S_1(S_1')$ 导通，$S_2(S_2')$ 截止，储能电感 L 的两端电压 $u_L = (u_i - u_o)/2$，i_L 线性增加，其增加量为

$$\Delta i_{L(+)} = \frac{u_i - u_o}{2L}(t_1 - t_0) = \frac{(u_i - u_o) \cdot T_s}{2L} \cdot D \tag{2.59}$$

（2）开关模态 2$[t_1, t_2]$：如图 2.21(b) 所示，$S_1(S_1')$ 和 $S_2(S_2')$ 均截止，$S_1(S_1')$ 和 $S_2(S_2')$ 的电压应力均为 $(u_o + u_i)/2$，$u_L = u_o$，i_L 线性下降，其减小量为

$$\Delta i_{L(-)} = \frac{u_{o} \cdot T_{s}}{L}\left(\frac{1}{2} - D\right) \tag{2.60}$$

（3）开关模态 $3[t_2, t_3]$：$S_2(S_2')$ 导通，$S_1(S_1')$ 截止，此模态的工作情况与开关模态 1 类似，如图 2.21(c) 所示。

（4）开关模态 $4[t_3, t_4]$：该模态的工作情况与开关模态 2 相同，如图 2.21(b) 所示。

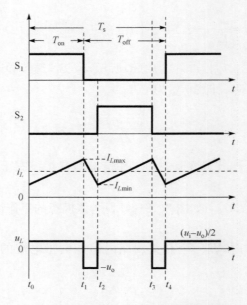

图 2.20　CCM、$D \leqslant 0.5$ 时的主要原理波形

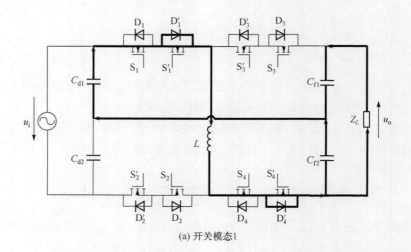

(a) 开关模态1

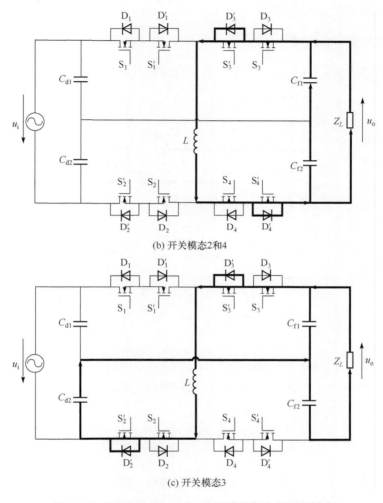

(b) 开关模态2和4

(c) 开关模态3

图 2.21 CCM、$D<0.5$ 时一个开关周期内的开关模态

变换器稳态工作时,在一个开关周期内储能电感电流 i_L 的增加量应等于减小量,即

$$\Delta i_{L(+)} = \Delta i_{L(-)} \tag{2.61}$$

由式(2.59)、式(2.60)和式(2.61),可得

$$\frac{U_o}{U_i} = \frac{D}{1-D} \tag{2.62}$$

2.5.2　DCM 时的工作原理

1. DCM、$D \geqslant 0.5$ 时

当 DCM、$D \geqslant 0.5$ 时,该变换器的主要原理波形如图 2.22 所示。

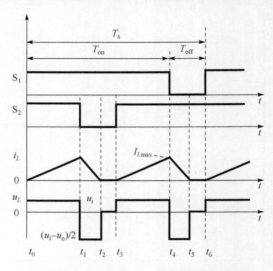

图 2.22　DCM、$D \geqslant 0.5$ 时的主要原理波形

$[t_0, t_1]$ 期间,$S_1(S_1')$ 和 $S_2(S_2')$ 同时导通,储能电感电流 i_L 从零线性增加,其最大值为

$$I_{L\max} = \frac{u_i}{L}(t_1 - t_0) = \frac{u_i}{L}\left(D - \frac{1}{2}\right)T_s \qquad (2.63)$$

$[t_1, t_2]$ 期间,$S_1(S_1')$ 导通,$S_2(S_2')$ 截止,i_L 线性下降,在 t_2 时刻下降到零,有

$$I_{L\max} = \frac{u_o - u_i}{2L}(t_2 - t_1) \qquad (2.64)$$

$[t_2, t_3]$ 期间,i_L 为零,负载由输出滤波电容供电。由式(2.63)和式(2.64)可得,输出电流为

$$I_o = \frac{U_i^2 \cdot T_s}{2(U_o - U_i)L}(2D - 1)^2 \qquad (2.65)$$

2. DCM、$D < 0.5$ 时

当 DCM、$D < 0.5$ 时,该变换器的主要原理波形如图 2.23 所示。

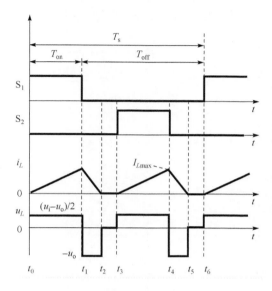

图 2.23 DCM、$D < 0.5$ 时的主要原理波形

$[t_0, t_1]$ 期间，$S_1(S_1')$ 导通，$S_2(S_2')$ 截止，i_L 从零线性增加，其最大值为

$$I_{Lmax} = \frac{u_i - u_o}{2L}(t_1 - t_0) = \frac{u_i - u_o}{2L} \cdot D \cdot T_s \qquad (2.66)$$

$[t_1, t_2]$ 期间，$S_1(S_1')$ 和 $S_2(S_2')$ 均截止，i_L 线性下降，在 t_2 时刻下降到零，有

$$I_{Lmax} = \frac{u_o}{L}(t_2 - t_1) \qquad (2.67)$$

$[t_2, t_3]$ 期间，i_L 为零，负载由输出滤波电容供电。由式（2.66）和式（2.67）可得，输出电流为

$$I_o = \frac{(U_i - U_o) \cdot (U_o + U_i) T_s}{4 U_o \cdot L} \cdot D^2 \qquad (2.68)$$

2.6 Cuk 型 TL 交-交直接变换器

Cuk 型 TL 交-交直接变换器的电路拓扑如图 2.24 所示。其中，L_i、C_i 为输入滤波器；L_1 为储能电感；L_2、C_f 为输出滤波器。

2.6.1 CCM、D 0.5 时的工作原理

当 CCM、$D \geqslant 0.5$ 时，该变换器的主要原理波形如图 2.25 所示。变换器稳态

工作时在一个开关周期内有四个开关模态,如图 2.26 所示。

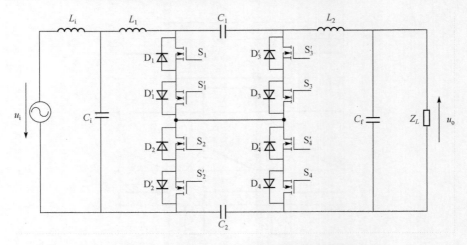

图 2.24　Cuk 型 TL 交-交直接变换器的电路拓扑

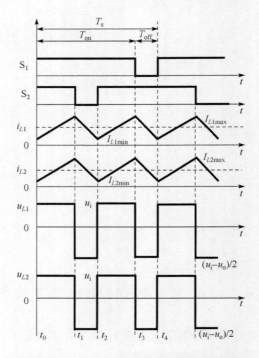

图 2.25　CCM、$D \geqslant 0.5$ 时的主要原理波形

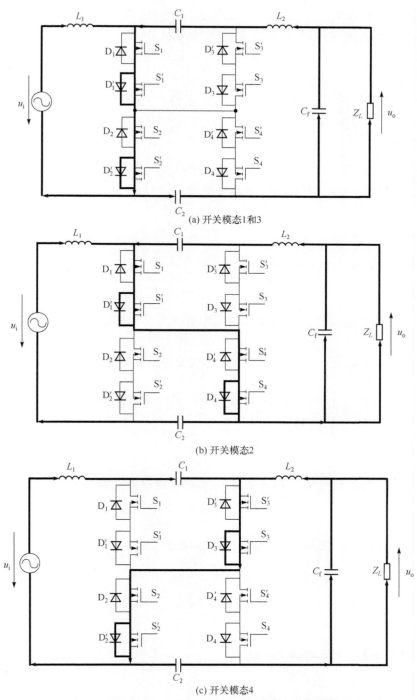

(a) 开关模态1和3

(b) 开关模态2

(c) 开关模态4

图 2.26　CCM、$D \geqslant 0.5$ 时一个开关周期内的开关模态

(1) 开关模态 1$[t_0, t_1]$：如图 2.26(a)所示，$S_1(S_1')$ 和 $S_2(S_2')$ 同时导通，电感 L_1 上的电压为输入电压 u_i，L_1 中的电流 i_{L1} 线性增加，其增加量为

$$\Delta i_{L1(+)} = \frac{u_i}{L_1}(t - t_0) = \frac{u_i T_s}{L_1}\left(D - \frac{1}{2}\right) \qquad (2.69)$$

电感 L_2 上的电压为 $(u_{C1} + u_{C2} - u_o)$，L_2 中的电流 i_{L2} 线性增加，其增加量为

$$\Delta i_{L2(+)} = \frac{u_{C1} + u_{C2} - u_o}{L_2}(t - t_0) = \frac{u_{C1} + u_{C2} - u_o}{L_2}T_s\left(D - \frac{1}{2}\right) \qquad (2.70)$$

(2) 开关模态 2$[t_1, t_2]$：如图 2.26(b)所示，$S_1(S_1')$ 导通，$S_2(S_2')$ 截止，L_1 上的电压 $u_{L1} = u_i - u_{C2}$，i_{L1} 线性下降，其减小量为

$$\Delta i_{L1(-)} = \frac{(u_{C2} - u_i)T_s}{L_1}(1 - D) \qquad (2.71)$$

L_2 上的电压为 $(u_{C1} - u_o)$，i_{L2} 线性下降，其减小量为

$$\Delta i_{L2(-)} = \frac{(u_o - u_{C1})T_s}{L_2}(1 - D) \qquad (2.72)$$

(3) 开关模态 3$[t_2, t_3]$：该模态的工作情况与开关模态 1 相同，如图 2.26(a)所示。

(4) 开关模态 4$[t_3, t_4]$：该模态的工作情况与开关模态 2 类似，如图 2.26(c)所示。

变换器在稳态工作时，L_1 中的电流在一个开关周期内的增加量应等于减小量。由式(2.69)和式(2.71)可得

$$u_{C2} = \frac{u_i}{2(1 - D)} \qquad (2.73)$$

同样地，在一个开关周期内 L_2 中电流的增加量也应等于减小量。由式(2.70)和式(2.72)可得

$$u_{C1} + u_{C2}(2D - 1) = u_o \qquad (2.74)$$

由于 $[t_1, t_2]$ 和 $[t_3, t_4]$ 期间变换器的工作是对称的，则有 $u_{C1} = u_{C2}$，可得

$$\frac{U_o}{U_i} = \frac{D}{1 - D} \qquad (2.75)$$

$$u_{C1} = u_{C2} = \frac{u_i + u_o}{2} \qquad (2.76)$$

2.6.2　CCM、D　0.5 时的工作原理

当 CCM、$D < 0.5$ 时，该变换器的主要原理波形如图 2.27 所示。变换器稳态工作时在一个开关周期内有四个开关模态，如图 2.28 所示。

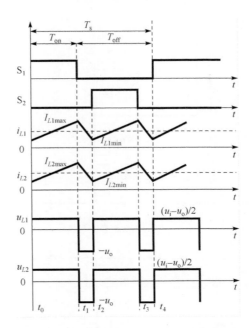

图 2.27　CCM、$D < 0.5$ 时的主要原理波形

（1）开关模式 1$[t_0, t_1]$：如图 2.28(a)所示，$S_1(S_1')$ 导通，$S_2(S_2')$ 截止，L_1 上的电压 $u_{L1} = u_i - u_{C2}$，使 i_{L1} 线性增加，其增加量为

$$\Delta i_{L1(+)} = \frac{(u_i - u_{C2}) T_s}{L_1} D \tag{2.77}$$

L_2 上的电压为 $u_{C1} - u_o$，L_2 中的电流线性增加，其增加量为

$$\Delta i_{L2(+)} = \frac{(u_{C1} - u_o) T_s}{L_2} D \tag{2.78}$$

（2）开关模式 2$[t_1, t_2]$：如图 2.28(b)所示，$S_1(S_1')$ 和 $S_2(S_2')$ 均截止，$u_{L1} = u_i - u_{C1} - u_{C2}$，$i_{L1}$ 线性下降，其减小量为

$$\Delta i_{L1(-)} = \frac{u_{C1} + u_{C2} - u_i}{L_1} \cdot \left(\frac{T_s}{2} - T_{on} \right) = \frac{(u_{C1} + u_{C2} - u_i) T_s}{L_1} \left(\frac{1}{2} - D \right) \tag{2.79}$$

L_2 上的电压为 $-u_o$，i_{L2} 线性下降，其减小量为

$$\Delta i_{L2(-)} = \frac{u_o}{L_2} \cdot \left(\frac{T_s}{2} - T_{on} \right) = \frac{u_o T_s}{L_2} \left(\frac{1}{2} - D \right) \tag{2.80}$$

（3）开关模式 3$[t_2, t_3]$：$S_2(S_2')$ 导通，$S_1(S_1')$ 截止，其工作情况与开关模式 1 类似，如图 2.18(c)所示。

（4）开关模式 4$[t_3, t_4]$：该模态的工作情况与开关模式 2 相同，如图 2.28(b)所示。

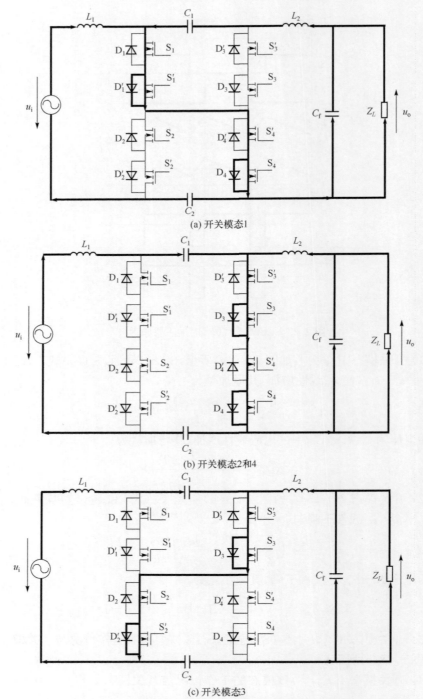

(a) 开关模态1

(b) 开关模态2和4

(c) 开关模态3

图 2.28　CCM、$D<0.5$ 时一个开关周期内的开关模态

变换器稳态工作时,在一个开关周期内 L_1 中电流 i_{L1} 的增加量应等于其减小量。由式(2.77)和式(2.79)得

$$u_i = u_{C1}(1-2D) + u_{C2} \tag{2.81}$$

同样地,由式(2.78)和式(2.80)得

$$u_o = 2Du_{C1} \tag{2.82}$$

由于 $[t_1, t_2]$ 和 $[t_3, t_4]$ 期间变换器的工作是对称的,有 $u_{C1} = u_{C2}$,可得

$$\frac{U_o}{U_i} = \frac{D}{1-D} \tag{2.83}$$

$$u_{C1} = u_{C2} = \frac{u_i + u_o}{2} \tag{2.84}$$

2.7　Sepic 型 TL 交-交直接变换器

Sepic 型 TL 交-交直接变换器的电路拓扑如图 2.29 所示。其中,L_1、L_2 为储能电感。

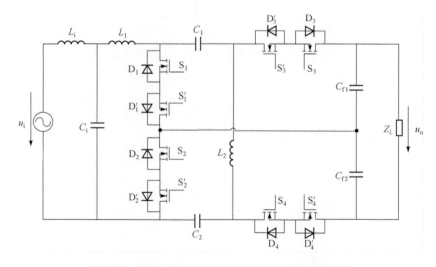

图 2.29　Sepic 型 TL 交-交直接变换器的电路拓扑

为便于分析,做如下假设:①功率开关、二极管、电感、电容均为理想元件;②$C_{f1} = C_{f2}$,且足够大,可看成电压为 $u_o/2$ 的电压源;③$C_1 = C_2$,且足够大,可看成两个电压为 $u_i/2$ 的电压源。

2.7.1 CCM、D 0.5 时的工作原理

当 CCM、$D \geqslant 0.5$ 时,该变换器的主要原理波形如图 2.30 所示。变换器稳态工作时在一个开关周期内有四个开关模态,如图 2.31 所示。

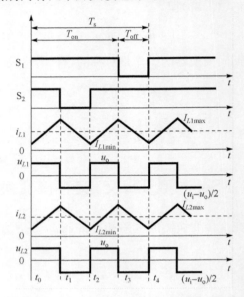

图 2.30 CCM、$D \geqslant 0.5$ 时的主要原理波形

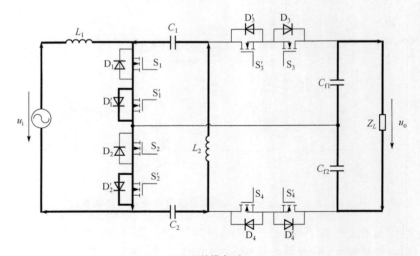

(a) 开关模态 1 和 3

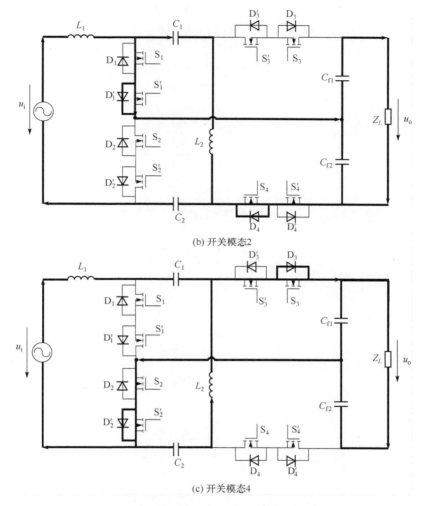

(b) 开关模态2

(c) 开关模态4

图 2.31　CCM、$D \geqslant 0.5$ 时一个开关周期内的开关模态

（1）开关模态 1$[t_0, t_1]$：如图 2.31(a) 所示，$S_1(S_1')$ 和 $S_2(S_2')$ 同时导通，电感 L_1 上的电压为输入电压 u_i，L_1 中的电流 i_{L1} 线性增长，其增加量为

$$\Delta i_{L1(+)} = \frac{u_i}{L_1}(t - t_0) = \frac{u_i}{L_1}\left(T_{on} - \frac{T_s}{2}\right) = \frac{u_i T_s}{L_1}\left(D - \frac{1}{2}\right) \tag{2.85}$$

电感 L_2 上的电压为 $u_{C1} + u_{C2}$，L_2 中的电流 i_{L2} 线性增加，其增加量为

$$\Delta i_{L2(+)} = \frac{u_{C1} + u_{C2}}{L_2}(t - t_0) = \frac{u_{C1} + u_{C2}}{L_1}\left(D - \frac{1}{2}\right) \tag{2.86}$$

同时输出滤波电容 C_{f1}、C_{f2} 向负载供电。

（2）开关模态 $2[t_1, t_2]$：如图 2.31（b）所示，$S_1(S_1')$ 继续导通，$S_2(S_2')$ 截止，$u_{L1} = u_i - u_{C1}/2 - u_{C2}$，$i_{L1}$ 线性下降，其减小量为

$$\Delta i_{L1(-)} = \frac{\left(\dfrac{u_o}{2} + u_{C2} - u_i\right)T_s}{L_1}(1-D) \tag{2.87}$$

L_2 上的电压为 $u_{C1} - u_o/2$，i_{L2} 线性下降，其减小量为

$$\Delta i_{L2(-)} = \frac{\left(\dfrac{u_o}{2} - u_{C1}\right)T_s}{L_2}(1-D) \tag{2.88}$$

（3）开关模态 $3[t_2, t_3]$：该模态的工作情况与开关模态 1 相同，如图 2.31（a）所示。

（4）开关模态 $4[t_3, t_4]$：$S_1(S_1')$ 截止，$S_2(S_2')$ 导通，该模态的工作情况与开关模态 2 相似，如图 2.31（c）所示。

变换器稳态工作时，在一个开关周期内 L_1 中的电流 i_{L1} 的增加量应等于减小量。由式（2.85）和式（2.86）可得

$$u_i - u_o(1-D) = 2u_{C2}(1-D) \tag{2.89}$$

同样地，由式（2.86）和式（2.88）可得

$$u_{C1} + u_{C2}(2D-1) = u_o(1-D) \tag{2.90}$$

由式（2.89）和式（2.90）得

$$\frac{U_o}{U_i} = \frac{D}{1-D} \tag{2.91}$$

2.7.2　CCM、D 0.5 时的工作原理

当 CCM、$D < 0.5$ 时，变换器的主要原理波形如图 2.32 所示。变换器稳态工作时在一个开关周期内有四个开关模态，如图 2.33 所示。

（1）开关模态 $1[t_0, t_1]$：如图 2.33（a）所示，$S_1(S_1')$ 导通，$S_2(S_2')$ 截止，$u_{L1} = u_i - u_o/2 - u_{C2}$，$i_{L1}$ 线性增加，其增加量为

$$\Delta i_{L1(+)} = \frac{\left(u_i - \dfrac{u_o}{2} - u_{C2}\right)T_s}{L_1}D \tag{2.92}$$

L_2 上的电压为 $u_{C2} - u_o/2$，i_{L2} 线性增加，其增加量为

$$\Delta i_{L2(+)} = \frac{\left(u_{C1} - \dfrac{u_o}{2}\right)T_s}{L_2}D \tag{2.93}$$

（2）开关模态 2$[t_1,t_2]$：如图 2.33（b）所示，$S_1(S_1')$ 和 $S_2(S_2')$ 均截止，$u_{L1}=u_i-u_o-u_{C1}-u_{C2}$，$i_{L1}$ 线性下降，其减小量为

$$\Delta i_{L1(-)}=\frac{(u_o+u_{C1}+u_{C2}-u_i)T_s}{L_1}\left(\frac{1}{2}-D\right) \tag{2.94}$$

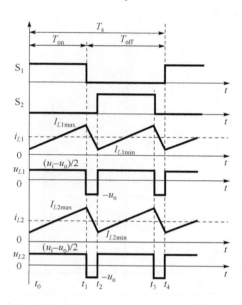

图 2.32　CCM、$D<0.5$ 时的主要原理波形

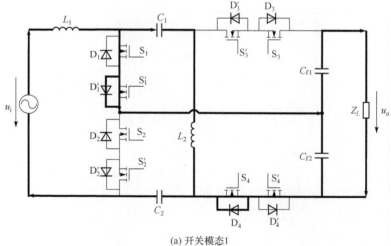

(a) 开关模态1

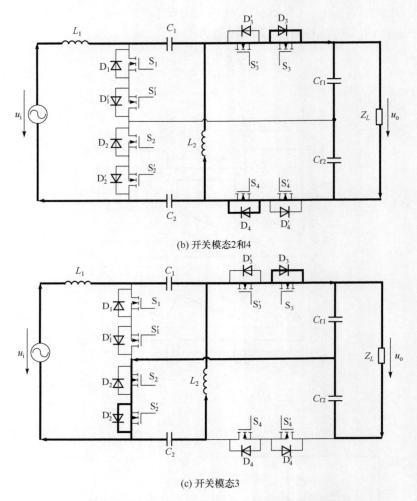

(b) 开关模态2和4

(c) 开关模态3

图 2.33　CCM、$D<0.5$ 时一个开关周期内的开关模态

L_2 上的电压为 $-u_o$，i_{L2} 线性下降，其减小量为

$$\Delta i_{L2(-)}=\frac{u_o T_s}{L_1}\cdot\left(\frac{1}{2}-D\right)\tag{2.95}$$

（3）开关模态 $3[t_2,t_3]$：$S_2(S_2')$ 导通，$S_1(S_1')$ 截止，该模态的工作情况与开关模态 1 类似，如图 2.33(c) 所示。

（4）开关模态 $4[t_3,t_4]$：$S_1(S_1')$、$S_2(S_2')$ 均截止，该模态的工作情况与开关模态 2 相同，如图 2.33(b) 所示。

变换器稳态工作时，L_1 中的电流 i_{L1} 的增加量应等于其减小量。由式（2.92）和式（2.94）可得

$$u_i + u_o(D-1) = u_{C1}(1-2D) + u_{C2} \tag{2.96}$$

同样地,由式(2.93)和式(2.95)可得

$$2u_{C1}D = u_o(1-D) \tag{2.97}$$

由式(2.96)和式(2.97)可得

$$\frac{U_o}{U_i} = \frac{D}{1-D} \tag{2.98}$$

本 章 小 结

本章提出了输入输出非共地的 TL 交-交直接变换器拓扑族,包括 Buck、Boost、Buck-Boost、Cuk、Sepic 和 Zeta 型 6 种拓扑,分析了控制原理和工作原理,推导出了其输出电压和输入电压之间的关系。这类变换器具有以下特点:

(1) 单级功率变换(LFAC-LFAC);

(2) 输出与输入之间无电气隔离、不共地;

(3) 开关管电压应力为其两电平拓扑的一半;

(4) 输出电压 THD 较小,负载适应能力强。

第 3 章 输入输出共地的 TL 交-交直接变换器

3.1 引 言

第 2 章提出了一族非电气隔离式的 TL 交-交直接变换器,包括 Buck、Boost、Buck-Boost、Cuk、Sepic 和 Zeta 型 6 种拓扑。这类变换器具有单级功率变换、开关管电压应力可降低、输出电压 THD 较小、负载适应能力强等优点,但输出和输入之间不共地,限制了应用范围。

本章在输入输出不共地的 TL 交-交直接变换器的基础上,对其进行改进,提出一族输入输出共地的 TL 交-交直接变换器[36],对 Buck、Boost、Cuk 和 Sepic 型拓扑的控制原理和工作原理进行分析,并进行仿真实验。

3.2 拓 扑 改 进

输入输出不共地的 Buck-Boost 型 TL 交-交直接变换器的电路拓扑,如图 3.1(a) 所示。其中,C_{d1}、C_{d2} 为两个输入分压电容,其电容量很大且相等;L 是储能电感;C_{f1} 和 C_{f2} 是输出分压电容,其电容量很大且相等。该变换器具有单级功率变换、开关管电压应力可降低、输出电压 THD 较小、负载适应能力强等优点,但输出和输入之间不共地,影响了其应用范围。下面对其拓扑进行改进。

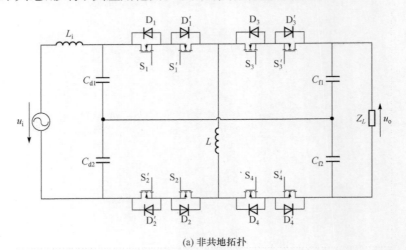

(a) 非共地拓扑

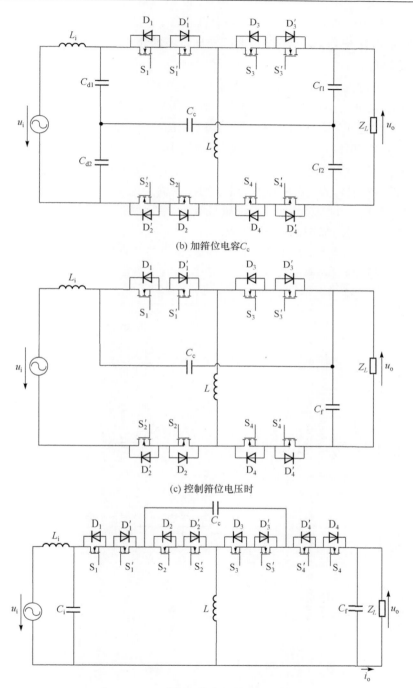

(b) 加箝位电容 C_c

(c) 控制箝位电压时

(d) 输入输出共地拓扑

图 3.1   Buck-Boost 型 TL 交-交直接变换器拓扑的改进

在该拓扑中,虽然 C_{d1}、C_{d2} 容量很大且相等,但是实际工作中不可能对 C_{d1} 和 C_{d2} 的充、放电做到完全一致,因此很可能导致不能正常进行三电平工作。为了解决此问题,可以添加一个箝位电容 C_c,如图 3.1(b)所示。当 C_c 的电压满足条件 $u_{Cc}=[(u_{Cd2}-u_{Cd1})+(u_{Cf2}-u_{Cf1})]/2$[37],变换器在 C_{d1} 和 C_{d2} 以及 C_{f1} 和 C_{f2} 不均压的情况下也可以正常地进行三电平工作。因此,通过对 C_c 电压的控制,可降低对 C_{d1}、C_{d2} 和 C_{f1}、C_{f2} 容值的要求。令 C_{d1} 和 C_{f1} 的容值为无穷大,则 C_{d1} 和 C_{f1} 上的电压为零,C_{d1}、C_{f1} 可以用导线代替,此时 C_{d2} 的电压等于电源电压,同样可以去掉,如图 3.1(c)所示,此时箝位电容的电压 $u_{Cc}=(u_{Cd2}+u_{Cf2})/2=(u_i+u_o)/2$。再对变换器进行等效变换,将 S_2、S_2' 和 S_4、S_4' 分别移到输入电源和负载的另一端,按顺序重新给功率开关和二极管命名后,得到了输入输出共地的 Buck-Boost 型 TL 交-交直接变换器拓扑,如图 3.1(d)所示。

同样地,可对输入输出不共地的 TL 交-交直接变换器拓扑族的其他五种拓扑进行改进,得到的输入输出共地的 TL 交-交直接变换器拓扑族,如图 3.2 所示。

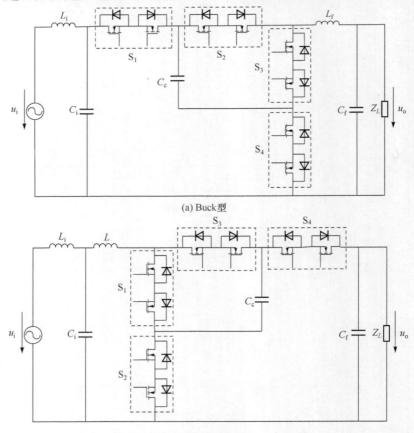

(a) Buck型

(b) Boost型

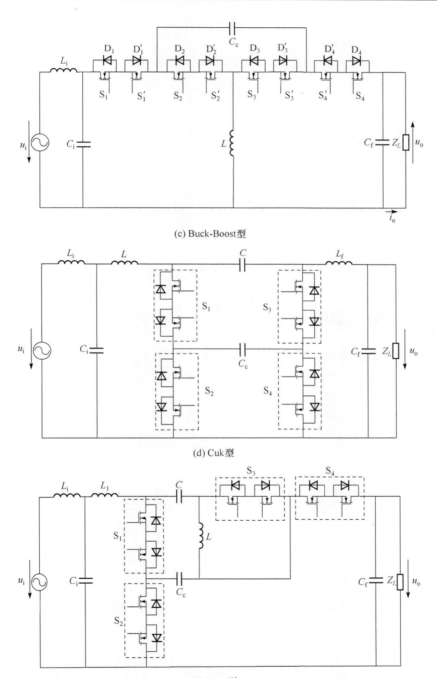

(c) Buck-Boost型

(d) Cuk型

(e) Sepic型

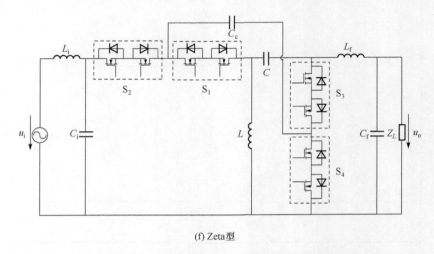

(f) Zeta型

图 3.2　输入输出共地的 TL 交-交直接变换器拓扑族

3.3　输入输出共地的 Buck 型 TL 交-交直接变换器

输入输出共地的 Buck 型 TL 交-交直接变换器的电路拓扑如图 3.3 所示。其中，C_c 为箝位电容。

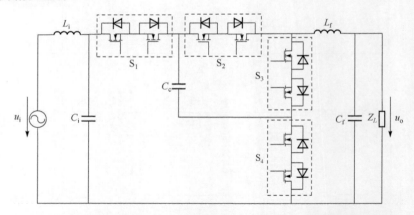

图 3.3　输入输出共地的 Buck 型 TL 交-交直接变换器的电路拓扑

3.3.1　工作原理

当 $D \geqslant 0.5$、CCM 时，该变换器的主要原理波形如图 3.4(a)所示。变换器在一个开关周期内有四个开关模态。$[t_0, t_1]$ 期间，功率开关 S_1 和 S_2 同时导通，输出滤波器前端电压 $u_{AB} = u_i$，输出滤波电感电流 i_{Lf} 线性上升。$[t_1, t_2]$ 期间，S_2 截止，S_1

导通,箝位电容 C_c 向交流负载供电,$u_{AB}=u_{Cc}=u_i/2$,i_{Lf} 线性下降。$[t_2,t_3]$ 期间,变换器的工作情况与 $[t_0,t_1]$ 期间相同。$[t_3,t_4]$ 期间,S_2 导通,S_1 截止,i_{Lf} 流经 C_c,此时 $u_{AB}=u_i-u_{Cc}=u_i/2$,i_{Lf} 线性下降。

当 $D<0.5$、CCM 时,变换器的主要原理波形如图 3.4(b)所示。变换器在一个开关周期内也有四个开关模态。$[t_0,t_1]$ 期间,S_1 导通,S_2 截止,C_c 向交流负载供电,此时 $u_{AB}=u_{Cc}=u_i/2$,i_{Lf} 线性上升。$[t_1,t_2]$ 期间,S_1 和 S_2 同时截止,$u_{AB}=0$,i_{Lf} 线性下降。$[t_2,t_3]$ 期间,S_2 导通,S_1 截止,i_{Lf} 流经 C_c,此时 $u_{AB}=u_i-u_{Cc}=u_i/2$,i_{Lf} 线性上升。$[t_3,t_4]$ 期间,变换器的工作情况与 $[t_1,t_2]$ 期间相同。

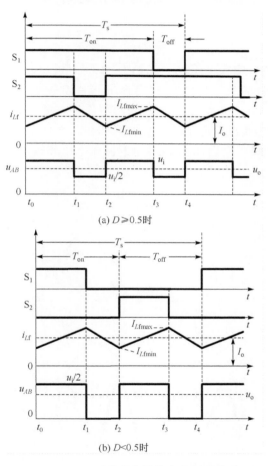

(a) $D \geqslant 0.5$ 时

(b) $D < 0.5$ 时

图 3.4 CCM 时变换器的主要原理波形

综上,该变换器 CCM 时在不同占空比的情况下,输出滤波器前端电压 u_{AB} 共有三种电平,即 u_i、$u_i/2$、0。

3.3.2　输入输出关系

由变换器的工作原理可得,CCM、$D \geqslant 0.5$ 时输出电压的表达式为

$$u_o = \frac{1}{T_s} \int_{t_0}^{t_4} u_{AB} \mathrm{d}t = \frac{1}{T_s} \left\{ u_i \left[(t_1 - t_0) + (t_3 - t_2) \right] + \frac{u_i}{2} \left[(t_2 - t_1) + (t_4 - t_3) \right] \right\}$$
$$= D \cdot u_i \tag{3.1}$$

同样地,可以得到 CCM、$D < 0.5$ 时变换器输出电压的表达式为

$$u_o = \frac{1}{T_s} \int_{t_0}^{t_4} u_{AB} \mathrm{d}t = \frac{1}{T_s} \cdot \frac{u_i}{2} \left[(t_1 - t_0) + (t_3 - t_2) \right] = D \cdot u_i \tag{3.2}$$

3.3.3　仿真验证

仿真的主要参数:输入电压 $U_i = 220\mathrm{V}(\pm 10\%, 50\mathrm{Hz}\ \mathrm{AC})$,输出电压 $U_o = 88\mathrm{V}$ ($50\mathrm{Hz}\ \mathrm{AC}$),开关频率 $f_s = 20\mathrm{kHz}$,额定容量 $S = 500\mathrm{VA}$,负载功率因数 $\cos\varphi_L = -0.75 \sim 0.75$。

变换器阻性额定负载情况下的仿真波形如图 3.5 所示。可以看出,输出波形的 THD 小,实现了降压变换,输出滤波电感两端电压和输出滤波电感电流波形与理论分析一致。

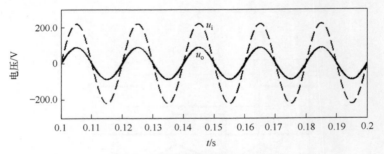

(a) 输出电压 u_o 和输入电压 u_i

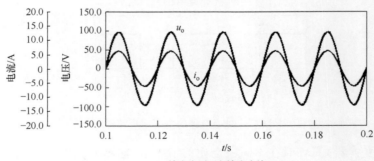

(b) 输出电压 u_o 和输出电流 i_o

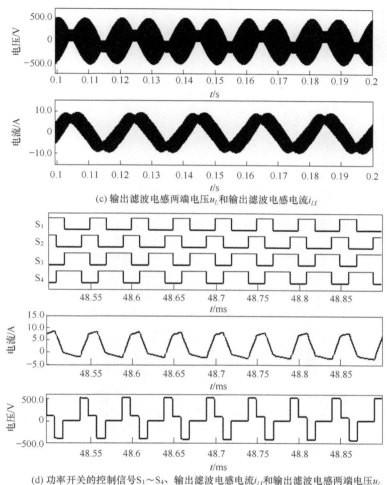

(c) 输出滤波电感两端电压 u_L 和输出滤波电感电流 i_{Lf}

(d) 功率开关的控制信号 $S_1 \sim S_4$、输出滤波电感电流 i_{Lf} 和输出滤波电感两端电压 u_L

图 3.5　阻性额定负载时的主要仿真波形

3.4　输入输出共地的 Boost 型 TL 交-交直接变换器

输入输出共地的 Boost 型 TL 交-交直接变换器的电路拓扑,如图 3.6 所示。其中,L 为储能电感;C_c 为箝位电容。

当 CCM、$D \geqslant 0.5$ 时,该变换器的主要原理波形如图 3.7(a)所示。在一个开关周期内,变换器有四个开关模态。开关模态 $1[t_0, t_1]$:功率开关 $S_1 (S_1')$、$S_2 (S_2')$ 同时导通,负载由输出滤波电容 C_f 供电,储能电感 L 的两端电压为输入电压 u_i,L 中电流 i_L 线性增加。开关模态 $2[t_1, t_2]$:$S_1 (S_1')$ 继续导通,$S_2 (S_2')$ 截止,L 上的电压

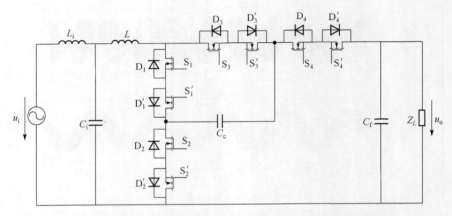

图 3.6　输入输出共地的 Boost 型 TL 交-交直接变换器的电路拓扑

$u_L = u_i - u_o/2$，i_L 线性下降。开关模态 3 $[t_2, t_3]$：变换器的工作情况与开关模态 1 相同。开关模态 4 $[t_3, t_4]$：$S_1(S_1')$ 截止，$S_2(S_2')$ 导通，变换器的工作情况与开关模态 2 类似，L 上的电压 $u_L = u_i - u_o/2$，i_L 线性下降。

当 CCM、$D < 0.5$ 时，该变换器的主要原理波形如图 3.7(b) 所示。在一个开关周期内，变换器也有四个开关模态。开关模态 1 $[t_0, t_1]$：$S_1(S_1')$ 导通，$S_2(S_2')$ 截止，储能电感 L 的两端电压 $u_L = u_i - u_o/2$，i_L 线性增加。开关模态 2 $[t_1, t_2]$：$S_1(S_1')$ 和 $S_2(S_2')$ 均截止，$u_L = u_i - u_o$，i_L 线性下降。开关模态 3 $[t_2, t_3]$：该模态与开关模态 1 类似，$S_2(S_2')$ 导通，$S_1(S_1')$ 截止，$u_L = u_i - u_o/2$，i_L 线性增加。开关模态 4 $[t_3, t_4]$：该模态的工作情况与开关模态 2 相同。

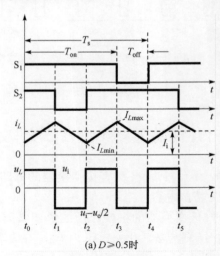

(a) $D \geq 0.5$ 时

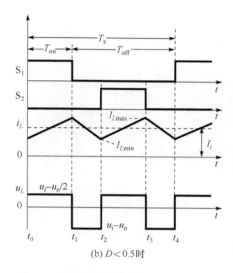

(b) $D < 0.5$时

图 3.7　CCM 时变换器的主要原理波形

通过对工作原理的分析,可推导出 CCM 时输出电压和输入电压的关系式为

$$\frac{U_o}{U_i} = \frac{1}{1-D} \qquad (3.3)$$

Boost 型 TL 交-交直接变换器当 CCM、$D \geqslant 0.5$ 时的仿真波形如图 3.8 所示。可以看出,输出电压的波形质量较好,变换器实现了升压变换,储能电感的两端电压波形大致为三电平波形。仿真结果与理论分析一致。

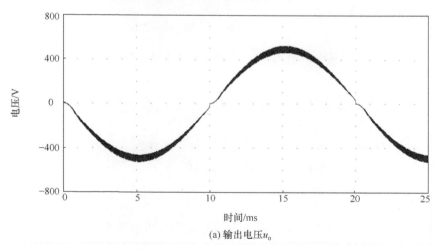

(a) 输出电压u_o

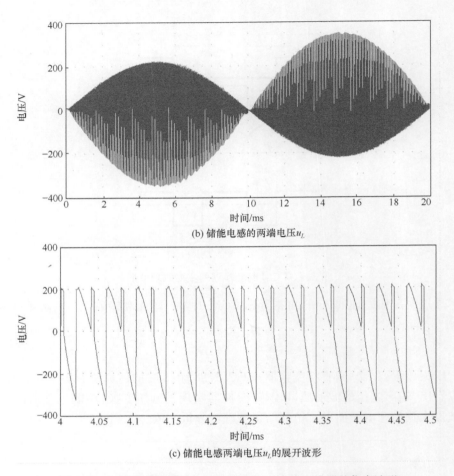

(b) 储能电感的两端电压u_L

(c) 储能电感两端电压u_L的展开波形

图 3.8　CCM、$D \geqslant 5$ 时 Boost 型 TL 交-交直接变换器的仿真波形

3.5　输入输出共地的 Cuk 型 TL 交-交直接变换器

输入输出共地的 Cuk 型 TL 交-交直接变换器如图 3.9 所示。其中,L_i、C_i 为输入滤波器;L_1 为储能电感;L_2、C_f 为输出滤波器。

3.5.1　工作原理

当 CCM、$D \geqslant 0.5$ 时,该变换器在一个开关周期内有四个开关模态,如图 3.10 所示。

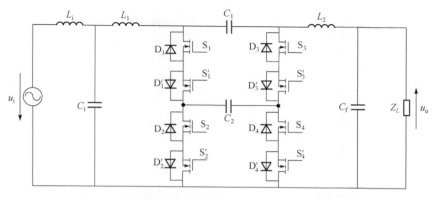

图 3.9　输入输出共地的 Cuk 型 TL 交-交直接变换器

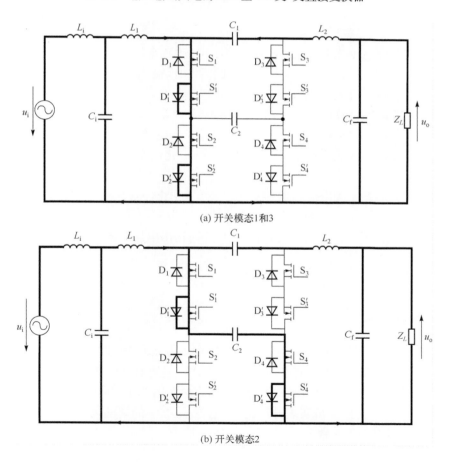

(a) 开关模态1和3

(b) 开关模态2

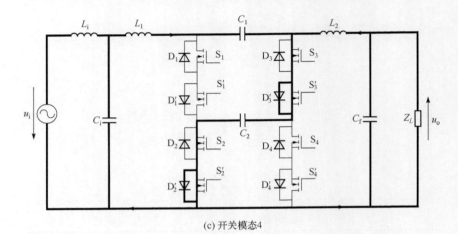

(c) 开关模态4

图 3.10　CCM、$D \geqslant 0.5$ 时一个开关周期的开关模态

（1）开关模态 1：如图 3.10(a)所示，$S_1(S_1')$ 和 $S_2(S_2')$ 同时导通，储能电感 L_1 上的电压为输入电压 u_i，L_1 中的电流 i_{L1} 线性增加，输出滤波电感 L_2 上的电压为 $u_{C1} - u_o$，L_2 中的电流 i_{L2} 线性增加。

（2）开关模态 2：如图 3.10(b)所示，$S_1(S_1')$ 导通，$S_2(S_2')$ 截止，此时 L_1 上的电压 $u_{L1} = u_i - u_{C2}$，i_{L1} 线性上升，L_2 上的电压为 $u_{C1} - u_{C2} - u_o$，i_{L2} 线性上升。

（3）开关模态 3：$S_1(S_1')$ 和 $S_2(S_2')$ 同时导通，此模态的工作情况与开关模态 1 相同，如图 3.10(a)所示。

（4）开关模态 4：如图 3.10(c)所示，$S_1(S_1')$ 截止，$S_2(S_2')$ 导通，此时 L_1 上的电压 $u_{L1} = u_i + u_{C2} - u_{C1}$，$i_{L1}$ 线性下降，L_2 上的电压为 $u_{C2} - u_o$，i_{L2} 线性下降。

通过对工作原理的分析，可推导出 CCM 时输出电压和输入电压的关系式为

$$\frac{U_o}{U_i} = \frac{D}{1-D} \tag{3.4}$$

3.5.2　仿真分析

仿真的主要参数：额定容量 $S = 500\text{VA}$，输入电压 $U_i = 220\text{V}(50\text{Hz AC})$，输出电压 $U_o = 330\text{V}(50\text{H AC})$，开关频率 $f_s = 50\text{kHz}$，占空比 $D = 0.6$。

变换器在 CCM、$D \geqslant 0.5$ 时的主要仿真波形如图 3.11 所示。可以看出，输出电压的 THD 小，变换器可实现升压变换，电容 C_1 和 C_2 的两端电压、储能电感 L_2 的电流波形与理论分析一致。

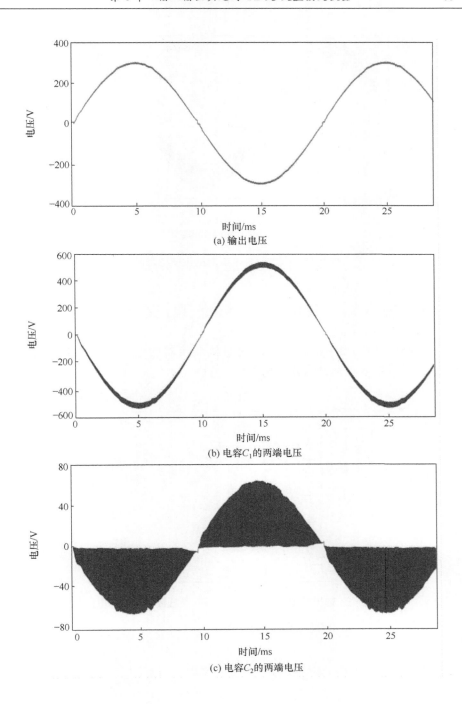

(a) 输出电压

(b) 电容C_1的两端电压

(c) 电容C_2的两端电压

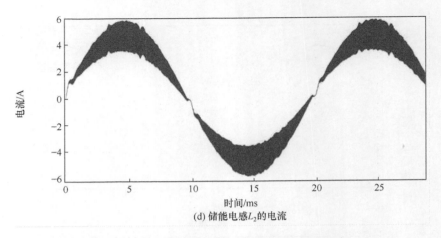

(d) 储能电感 L_2 的电流

图 3.11　CCM、$D \geqslant 0.5$ 时的主要仿真波形

3.6　输入输出共地的 Sepic 型 TL 交-交直接变换器

　　输入输出共地的 Sepic 型 TL 交-交直接变换器的电路拓扑如图 3.12 所示。其中，L_1、L_2 为储能电感；C_c 为箝位电容。

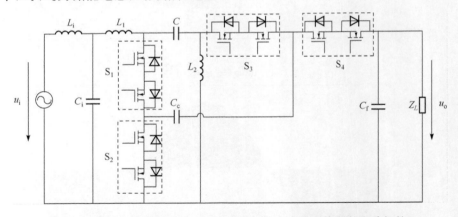

图 3.12　输入输出共地的 Sepic 型 TL 交-交直接变换器的电路拓扑

3.6.1　工作原理

　　当 CCM、$D \geqslant 0.5$ 时，该变换器在一个开关周期内有四个开关模态，如图 3.13 所示。

（1）开关模态 1：如图 3.13(a)所示，S_1 和 S_2 同时导通，储能电感 L_1 上的电压为输入电压 u_i，L_1 中的电流 i_{L1} 线性增加，储能电感 L_2 上的电压为 u_C，L_2 中的电流 i_{L2} 线性增加，输出滤波电容 C_f 向负载提供能量。

（2）开关模态 2：如图 3.13(b)所示，S_1 导通，S_2 截止，此时 L_1 上的电压 $u_{L1} = u_i - u_{Cc} - u_o$，$i_{L1}$ 线性下降，L_2 上的电压为 $u_C - u_{L1} - u_i$，i_{L2} 线性下降。

（3）开关模态 3：S_1 和 S_2 同时导通，此模态的工作情况与开关模态 1 相同，如图 3.13(a)所示。

（4）开关模态 4：如图 3.13(c)所示，S_1 截止，S_2 导通，此时 L_1 上的电压 $u_{L1} = u_i + u_{Cc} - u_C$，$i_{L1}$ 线性上升，L_2 上的电压为 u_{Cc}，i_{L2} 线性上升。

通过对工作原理的分析，可推导出 CCM 时输出电压和输入电压的关系式为

$$\frac{U_o}{U_i} = \frac{D}{1-D} \tag{3.5}$$

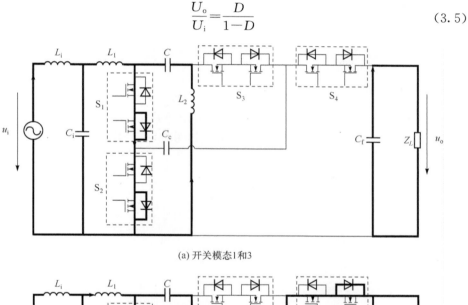

(a) 开关模态1和3

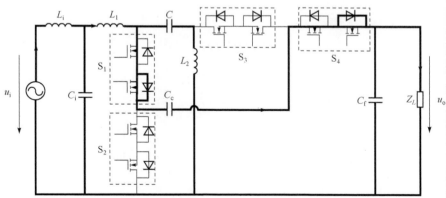

(b) 开关模态2

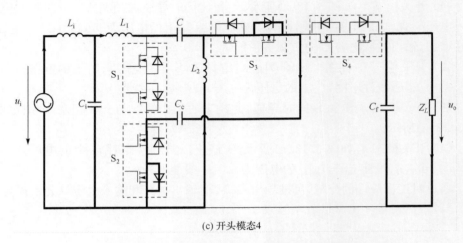

(c) 开头模态4

图 3.13　CCM、$D \geqslant 0.5$ 时一个开关周期的开关模态

3.6.2　仿真分析

　　该变换器感性负载时的主要仿真波形如图 3.14 所示。可以看出,输出电压具有较小的 THD,箝位电容的两端电压正负比较对称,箝位电容起到了电压箝位的作用。

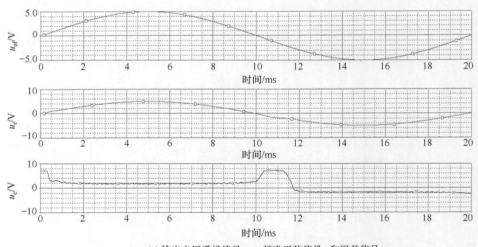

(a) 输出电压采样信号u_{of}、基准正弦信号u_r和误差信号u_e

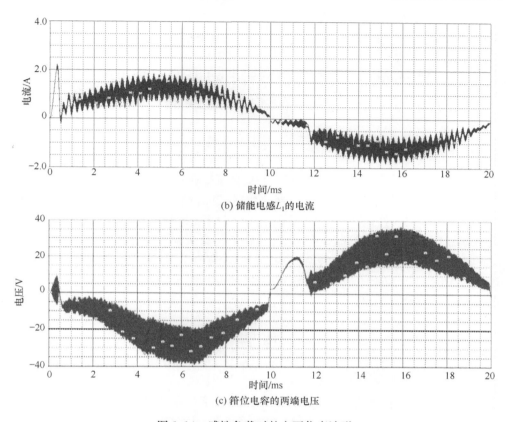

(b) 储能电感 L_1 的电流

(c) 箝位电容的两端电压

图 3.14　感性负载时的主要仿真波形

本 章 小 结

本章在输入输出非共地的 TL 交-交直接变换器的基础上进行了改进,提出了输入输出共地的 TL 交-交直接变换器拓扑族,包括 Buck、Boost、Buck-Boost、Cuk、Sepic 和 Zeta 型 6 种拓扑;分析了 Buck、Boost、Cuk 和 Sepic 型拓扑的控制原理和工作原理,并进行了仿真验证。这类变换器保留了输入输出非共地的 TL 交-交直接变换器的优点,由于输入输出共地,扩大了应用范围。

第 4 章　输入输出共地的 Buck-Boost 型 TL 交-交直接变换器

4.1　引　　言

第 3 章在输入输出非共地的 TL 交-交直接变换器的基础上进行了改进,提出了一族输入输出共地的 TL 交-交直接变换器,包括 Buck、Boost、Buck-Boost、Cuk、Sepic 和 Zeta 型 6 种拓扑,扩大了应用范围。对 Buck、Boost、Cuk 和 Sepic 型拓扑的控制原理和工作原理进行了分析,并进行了仿真实验。

本章重点研究输入输出共地的 Buck-Boost 型 TL 交-交直接变换器,分析电感电流连续时和断续时的工作原理和外特性,研究控制策略,提出隔直电容的均压控制方案,并进行原理实验。

4.2　电路拓扑

输入输出共地的 Buck-Boost 型 TL 交-交直接变换器的电路拓扑如图 4.1 所示。其中,C_c 为箝位电容功率开关;L 为储能电感。该变换器具有单级功率变换(LFAC-LFAC)、双向功率流、输入侧功率因数高、功率密度高、功率开关电压应力可降低、可升降压输出、负载适应能力强、适用于高压交-交电能变换、无电气隔离等特点[38]。

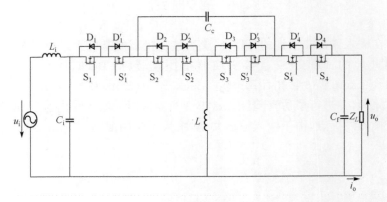

图 4.1　输入输出共地的 Buck-Boost 型 TL 交-交直接变换器的电路拓扑

4.3　工作原理和外特性

4.3.1　CCM 时的工作原理

为便于分析,假设所有开关管、二极管、电感、电容均为理想器件。当 $D \geqslant 0.5$ 时,储能电感 L 中电流 CCM 时变换器的主要原理波形如图 4.2 所示。变换器稳态工作时在一个开关周期内有四个开关模态。

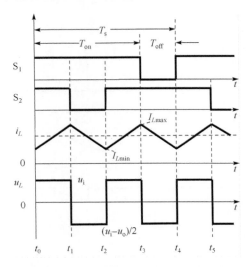

图 4.2　CCM、$D \geqslant 0.5$ 时变换器的主要原理波形

(1) 开关模态 $1[t_0, t_1]$:S_1、S_2 同时导通,交流负载由输出滤波电容 C_f 供电,储能电感 L 的两端电压为输入电压 u_i,L 中的电流 i_L 线性增加,其增长量为

$$\Delta i_{L(+)} = \frac{u_i}{L}(t_1 - t_0) = \frac{u_i T_s}{L}\left(D - \frac{1}{2}\right) \tag{4.1}$$

(2) 开关模态 $2[t_1, t_2]$:t_1 时刻 S_2 关断,S_1 的电压应力为 $(u_o + u_i)/2$,L 上的电压为 $u_L = (u_i - u_o)/2$,i_L 线性下降,其下降量为

$$\Delta i_{L(-)} = \frac{(u_o - u_i)T_s}{2L}(1 - D) \tag{4.2}$$

(3) 开关模态 $3[t_2, t_3]$:t_2 时刻,S_2 开通。该模态与开关模态 1 相同。

(4) 开关模态 $4[t_3, t_4]$:t_3 时刻,S_1 关断。该模态与开关模态 2 类似。

变换器稳态工作时,储能电感电流的增长量应等于它的下降量,即

$$\Delta i_{L(+)} = \Delta i_{L(-)} \tag{4.3}$$

由式(4.1)、式(4.2)和式(4.3)可得

$$\frac{U_o}{U_i} = \frac{D}{1-D} \tag{4.4}$$

当 $D<0.5$ 时,分析与 $D\geqslant0.5$ 时类似,输出电压和输入电压同样满足式(4.4),不再赘述。

4.3.2　DCM 时的工作原理

当 $D\geqslant0.5$、DCM 时,变换器的主要原理波形如图 4.3 所示。

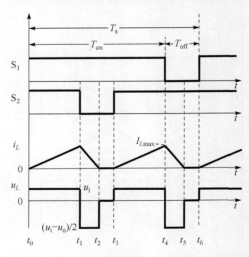

图 4.3　DCM、$D\geqslant0.5$ 时变换器的主要原理波形

$[t_0,t_1]$ 期间,S_1 和 S_2 同时导通,i_L 从零线性增加,其最大值为

$$I_{Lmax} = \frac{u_i}{L}(t_1-t_0) = \frac{u_i}{L}\left(T_{on}-\frac{T_s}{2}\right) = \frac{u_i}{L}\left(D-\frac{1}{2}\right)T_s \tag{4.5}$$

$[t_1,t_2]$ 期间,只有 S_1 导通,i_L 从 I_{Lmax} 线性下降,在 t_2 时刻下降到零,有

$$I_{Lmax} = \frac{u_o-u_i}{2L}(t_2-t_1) \tag{4.6}$$

$[t_2,t_3]$ 期间,i_L 为零,负载由输出滤波电容供电。由式(4.5)和式(4.6)可得,输出电流为

$$I_o = \frac{U_i^2 T_s}{2(U_o-U_i)L}(2D-1)^2 \tag{4.7}$$

4.3.3　外特性

由式(4.4)可知,当储能电感电流 CCM 时,该变换器的输出电压和输入电压之比为

$$\frac{U_o}{U_i} = \frac{D}{1-D} \tag{4.8}$$

当负载减小到使 $i_{Lmin} = 0$ 时，$\Delta i_L = i_{Lmax}$，此时的负载电流 I_{omin} 即为储能电感临界连续电流 I_{oG}。当 $D \geqslant 0.5$ 时有

$$I_{oG} = \left(\frac{T_s}{2}\right)^{-1} \frac{1}{2} i_{Lmax}(T_s - T_{on}) = \frac{1}{2}\frac{u_i}{L}(2D-1)(1-D)T_s \tag{4.9}$$

由式(4.9)得，当 $D = 0.75$ 时，I_{oG} 取最大值 $I_{oGmax} = u_i T_s / (16L)$。

当 $D < 0.5$ 时，有

$$I_{oG} = \frac{1}{2}i_{Lmax} = \frac{u_i T_s}{4L}\frac{1-2D}{1-D}D \tag{4.10}$$

当 $D = 0.293$ 时，I_{oG} 取最大值 $I_{oGmax} = u_i T_s / (23.3L)$。取 $D \geqslant 0.5$ 时的 I_{oGmax} 为储能电感临界连续电流 I_{oG} 的基准值，即

$$I_{oGmax} = \frac{u_i T_s}{16L} \tag{4.11}$$

由式(4.9)、式(4.10)和式(4.11)，可以得到 I_{oG} 的标幺值为

$$I_{oG}^* = 4(1-2D)D/(1-D) \quad (D<0.5) \tag{4.12}$$

$$I_{oG}^* = 8(2D-1)/(1-D) \quad (D\geqslant 0.5) \tag{4.13}$$

由式(4.7)、式(4.9)～式(4.13)，可以得到 DCM 时输出电压和输入电压之比为

$$\frac{U_o}{U_i} = \frac{-I_o^* + \sqrt{I_o^{*\,2} + 64D^4}}{8D^2} \quad (D<0.5) \tag{4.14}$$

$$\frac{U_o}{U_i} = \frac{8(2D-1)^2}{I_o^*} + 1 \quad (D\geqslant 0.5) \tag{4.15}$$

式(4.14)和式(4.15)中，$I_o^* = I_o / I_{oGmax}$。

4.4　控制策略

4.4.1　控制原理

该变换器可以采用电压瞬时值反馈控制方案。按照输出电压 u_o 和输出电流 i_o 的极性划分，该变换器分为 A、B、C、D 四种工作模式，如图 4.4 所示。感性负载时，变换器按照 A、B、C、D 工作；阻性负载时，变换器仅工作于 A 和 C；容性负载时，变换器按照 A、D、C、B 工作。

当 $u_o > 0$、$i_o > 0$ 时，变换器工作于模式 A，能量由输入交流电源向交流负载传输，其中 S_1、S_2 高频斩波，S_3、S_4 导通，$S_1' \sim S_4'$ 截止。

当 $u_o < 0$、$i_o > 0$ 时，变换器工作于模式 B，能量由交流负载向输入电源回馈，此

模式中 S_3、S_4 高频斩控，S_1、S_2 导通，$S_1'\sim S_4'$ 截止。

当 $u_o<0$、$i_o<0$ 时，电变换器工作于模式 C，能量由输入电源向交流负载传输，此模式中 S_1'、S_2' 高频斩控，S_3'、S_4' 常通，$S_1\sim S_4$ 均截止。

当 $u_o>0$、$i_o<0$ 时，变换器工作于模式 D，能量由交流负载向输入电源回馈，此模式中 S_3'、S_4' 高频斩控，S_1'、S_2' 常通，$S_1\sim S_4$ 均截止。

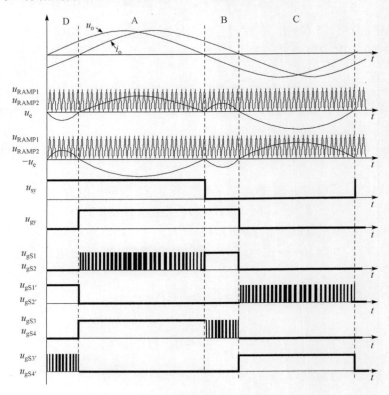

图 4.4　控制原理波形

4.4.2　箝位电压控制方案

如果箝位电容 C_c 的电压不能控制为 $u_{Cc}=(u_o+u_i)/2$，那么变换器的三电平波形就不能很好地实现，从而影响变换器的正常工作，因此必须对箝位电压进行控制。

在变换器的工作过程中，当 $S_1(S_1')$ 导通、$S_2(S_2')$ 截止时，箝位电容 C_c 被充电，其两端电压（箝位电压）升高；当 $S_1(S_1')$ 截止、$S_2(S_2')$ 导通时，C_c 放电，给交流负载提供能量，箝位电压降低。根据变换器的工作原理，为了实现对箝位电压的控制，当 $u_{Cc}>(u_o+u_i)/2$ 时，可以适当地延长 S_1 的截止时间和 S_2 的导通时间；当 $u_{Cc}<$

$(u_o+u_i)/2$ 时,可以适当地延长 S_1 的导通时间和 S_2 的截止时间。

对此,本章提出了输出电压瞬时值、箝位电压瞬时值双反馈控制方案,如图 4.5 所示。方案的具体实现为:将输出电压 u_o 的采样信号与正弦基准信号 u_r 相比较,经 PI 调节器后得到误差放大信号 u_e,此外,箝位电压采样信号与 $(u_o+u_i)/2$ 采样信号相比较,得到另一个误差放大信号 u_s,将两个误差放大信号整合后,分别与两个相位相差 $180°$ 的三角载波 u_{RAMP1}、u_{RAMP2} 进行交截,得到 PWM 信号 u_{hf1}、u_{hf2}、u_{hf3}、u_{hf4},再引入输入电压的极性信号 u_{sy} 和误差放大信号的极性信号 u_{ey},经过一系列逻辑变换后,即可得到每个功率开关的控制信号。

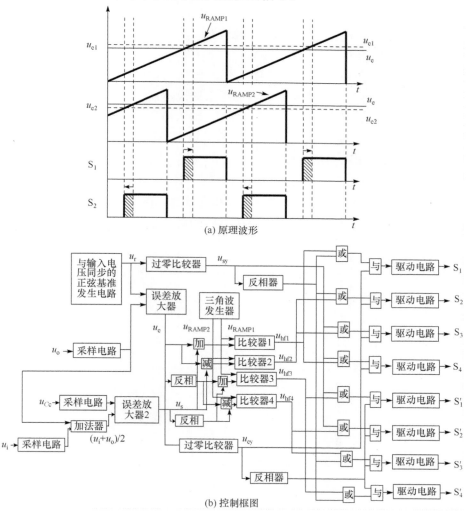

(a) 原理波形

(b) 控制框图

图 4.5　输出电压瞬时值、箝位电压瞬时值双反馈控制方案

当箝位电压 u_{Cc} > $(u_o+u_i)/2$ 时，与 u_{RAMP1} 交截的信号由 u_e 上升为 u_{e1}，与 u_{RAMP2} 交截的信号由 u_e 下降为 u_{e2}，S_1 的占空比减小，S_2 的占空比增大，从而延长了箝位电容 C_c 的放电时间。当箝位电压 u_{Cc} < $(u_o+u_i)/2$ 时，分析类似。因此，可以控制箝位电压 $u_{Cc}=(u_o+u_i)/2$。

4.5　原理实验

原理样机的主要参数：输出电压和箝位电压瞬时值双反馈控制方案，输入电压 $U_i=220V(\pm10\%,50Hz\ AC)$，输出电压 $U_o=180V$ 或 $240V(50Hz\ AC)$，额定容量 $S=500VA$，开关频率 $f_s=50kHz$，储能电感 $L=1mH$，箝位电容 $C_c=4.7\mu F/630V$，输出滤波电容 $C_f=4.7\mu F/630V$。

该变换器感性负载时的主要实验波形如图 4.6 所示。图 4.6(a) 为输入电压和输出电压波形，可以看出变换器可实现降压变换，可实现双向功率流，具有强的负载适应能力，输出电压波形的 THD 小，相比输入电压，波形得到了改善。图 4.6(b) 和 (c) 为功率开关 S_1 的漏源电压及其展开波形，可见功率开关的电压应力为 $(u_o+u_i)/2$，是 Buck-Boost 型两电平变换器的一半。图 4.6(d) 为箝位电容的电压波形，可以看出箝位电容正负对称，电压被控制在 $(u_o+u_i)/2$，证明了输出电压和箝位电压瞬时值双反馈控制方案的正确性和有效性。图 4.6(e) 和 (f) 为储能电感的两端电压及其展开波形，可以看出储能电感的两端电压为三电平。实验结果与理论分析一致。

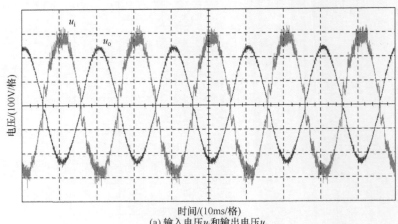

(a) 输入电压u_i和输出电压u_o

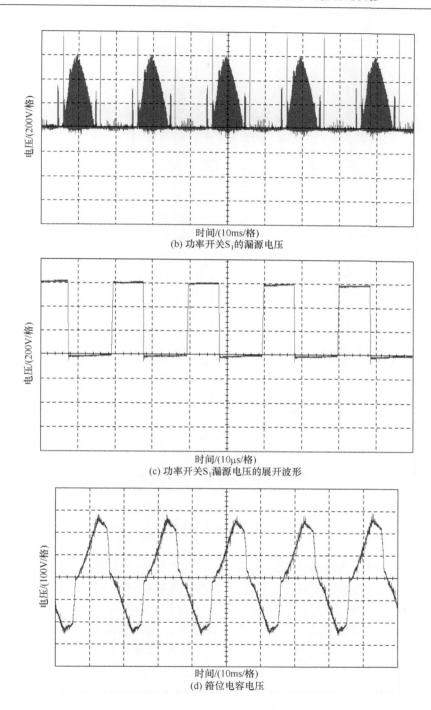

时间/(10ms/格)
(b) 功率开关S₁的漏源电压

时间/(10μs/格)
(c) 功率开关S₁漏源电压的展开波形

时间/(10ms/格)
(d) 箝位电容电压

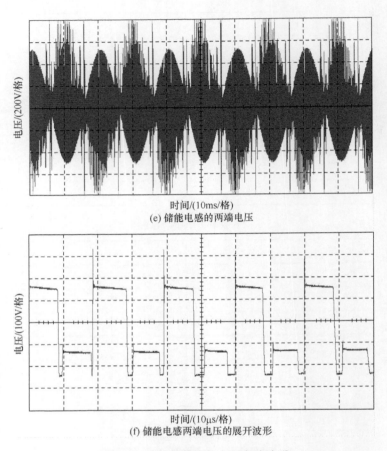

时间/(10ms/格)

(e) 储能电感的两端电压

时间/(10μs/格)

(f) 储能电感两端电压的展开波形

图 4.6　感性负载时的主要实验波形

本 章 小 结

　　本章重点对输入输出共地的 Buck-Boost 型 TL 交-交直接变换器进行了研究,分析了电感电流连续时和断续时的工作原理和外特性,推导出了不同占空比时输出电压与输入电压之间的关系表达式,研究了控制策略,提出了输出电压瞬时值和箝位电容电压瞬时值双反馈控制策略,实现了箝位电压控制和三电平波形。该变换器功率开关的电压应力是 Buck-Boost 型两电平变换器的一半。原理实验结果与理论分析一致。

第 5 章　输入输出共地的 Zeta 型 TL 交-交直接变换器

5.1　引　　言

第 4 章重点对输入输出共地的 Buck-Boost 型 TL 交-交直接变换器进行了研究,分析了电感电流连续时和断续时的工作原理和外特性,研究了控制策略,提出了输出电压和隔直电容电压瞬时值的双反馈控制方案,并进行了实验验证。

本章提出一种新颖的输入输出共地的 Zeta 型 TL 交-交直接变换器,提出非互补控制策略,分析稳态工作原理和输出滤波器前端电压的频谱结构,研制样机,并给出样机的性能指标和实验结果。

5.2　拓　扑　结　构

提出的 Zeta 型 TL 交-交直接变换器的拓扑结构如图 5.1 所示。其中,S_5、S_6 支路为输入电源电平模态支路,并可防止工作模态串扰;S_9、S_{10} 支路为零电平模态支路。该拓扑结构可将不稳定的高压、劣质交流电变换成幅值稳定或可调的同频、优质正弦交流电[39,40]。

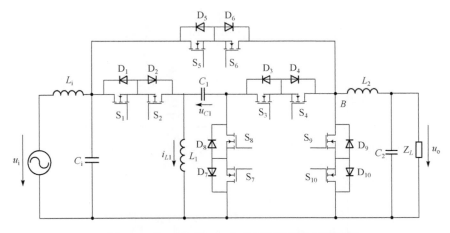

图 5.1　Zeta 型 TL 交-交直接变换器的拓扑结构

5.3　工 作 原 理

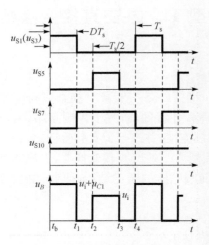

图 5.2　工作原理波形

Zeta 型 TL 交-交直接变换器一个开关周期 $[t_b, t_4]$ 内的工作原理波形如图 5.2 所示,图中给出了功率管 S_1、S_3、S_5、S_7、S_{10} 的控制信号及输出滤波器前端电压 u_B[41]。

$[t_b, t_1]$ 期间,开关管 S_1 和 S_3 有触发电压导通,电感 L_1 被电源 u_i 充电,而电源 u_i 和电容 C_1 同时给负载供电,输出滤波器前端电压 u_B 如式(5.1)所示,此时段的工作方式被定义为模式 1,其电流流向如图 5.3(a)所示。

$$u_B = u_i + u_{C1} \tag{5.1}$$

$[t_1, t_2]$ 期间,开关管 S_7 和 S_{10} 导通,分别为电感 L_1 和 L_2 中的电流提供续流回路,此时输出滤波器前端电压有 $u_B = 0$。此时段的工作方式被定义为模式 3,其电流流向如图 5.3(b)所示。

$[t_2, t_3]$ 期间,开关管 S_5 和 S_7 导通,只有输入电源 u_i 对负载供电,此时输出滤波器前端电压如式(5.2)所示。此时段的工作方式被定义为模式 2,其电流流向如图 5.3(c)所示。

$$u_B = u_i \tag{5.2}$$

$[t_3, t_4]$ 期间,此时段的工作方式和 $[t_1, t_2]$ 相同,电流流向如图 5.3(b)所示。

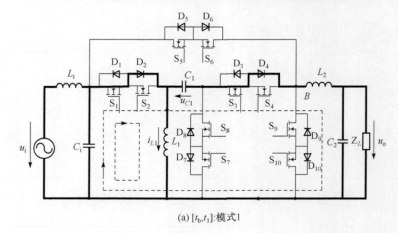

(a) $[t_b, t_1]$:模式 1

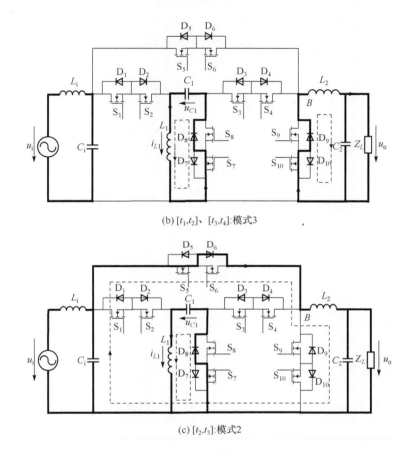

(b) $[t_1,t_2]$、$[t_3,t_4]$:模式3

(c) $[t_2,t_3]$:模式2

图 5.3　一个开关周期内工作模式图

　　由此可见,该变换器在一个开关周期内有三种工作模式,按照模式 1—模式 3—模式 2—模式 3 的顺序循环工作,占空比 D 在 $(0,0.5)$ 之间变化。输出滤波器前端输出的电平有三种:u_i+u_{C1}、u_i 和 0。

5.4　非互补控制策略和稳态工作特性

5.4.1　非互补控制策略

　　互补控制就是不同模式的控制电压信号在任一时间段上都不重叠,而非互补控制则是不同模式的控制电压信号在多个时间段上重叠。本章提出 Zeta 型 TL 交-交直接变换器的非互补控制策略,避免了模式切换时的共态关断现象和共态导通问题,从而消除了电压尖峰和短路电流,大大提高了变换器的可靠性[42]。

　　采用有电流检测的闭环反馈控制,感性负载下的两种控制策略如图 5.4 所示。

图中,$u_{S1} \sim u_{S10}$表示各个功率开关管的触发电压信号;u_B表示输出滤波器前端的输出电压;u_o表示输出电压;i_{L2}表示电感L_2中的电流;u_e表示误差电压;u_c表示三角高频载波;φ_{L1}表示电感L_1中电流i_{L1}的偏移角;φ表示电感L_2中电流i_{L2}的偏移角。

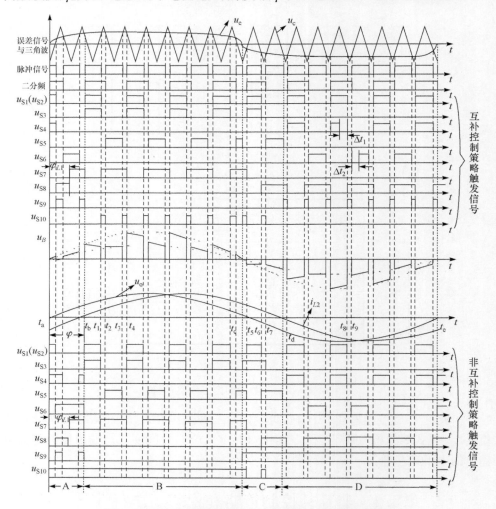

图 5.4　有电流检测的互补控制策略和非互补控制策略

在电流双向流动情况下,变换器在一个输入电源周期内有四个工作状态,即A、B、C和D,由工作原理可知,在一个开关周期内有三种工作模式:模式 1、2 和 3。下面以状态 B 为例,分析非互补控制策略。

状态 $B[t_b, t_c]$:此状态 $u_o > 0$ 和 $i_{L2} > 0$,输入电源给负载供电,$[t_b, t_4]$为一开关周期。

$[t_b, t_1]$期间,开关管 S_1 和 S_3 有触发电压导通,变换器工作在模式 1,因为 $u_B > 0$、

$u_{S9}=0$，此时开关管 S_{10} 承受反向电压，即使其有触发电压，也不会导通，说明非互补控制策略不会发生共态导通现象。

$[t_1,t_2]$ 期间，开关管 S_7 和 S_{10} 导通，分别为电感 L_1 和 L_2 中的电流提供续流回路。因为 $u_{S10}>0$、$i_{L2}>0$，且滤波器前端无电压输出，所以开关管 S_{10} 自动被触发导通。变换器工作于模式 3。

$[t_2,t_3]$ 期间，开关管 S_5 和 S_7 导通，变换器工作在模式 2。同样因为 $u_B>0$、$u_{S9}=0$，开关管 S_{10} 承受反向电压不会导通。

$[t_3,t_4]$ 期间，此时段的工作方式同 $[t_1,t_2]$。

开关管 $S_3(S_4)$、$S_5(S_6)$ 和 $S_{10}(S_9)$ 的开关状态代表三种工作模式，在非互补控制策略中，可以看出各个模式对应开关管的触发电压信号不是互补的，而是在时间上有交叠。利用低频信号及交叠信号同时出错概率小的优点，可大大提高变换器的可靠性。

5.4.2　稳态工作特性

根据图 5.4 的非互补控制策略，下面计算 Zeta 型 TL 交-交直接变换器的工作特性，各元器件参数之间的关系。计算时定义一个开关周期内的参数如式（5.3）～式（5.5）所示，且均假设电感中电流为连续工作模式（CCM）。

$$T_1=t_4-t_b \tag{5.3}$$

$$D_1=\frac{t_1-t_b}{T_1} \tag{5.4}$$

$$D_2=\frac{t_3-t_2}{T_1} \tag{5.5}$$

当变换器工作稳定后，模式 1 和 2 对应的占空比 D_1 和 D_2 近似不变且相等，定义其等于 D，由工作原理知 D 的变化范围为 $(0,0.5)$；时间 T_1 也近似不变，为开关周期时间 T_s，等于三角载波周期 T_c 的 2 倍，如式（5.6）和式（5.7）所示。变换器稳定工作后有式（5.8）：

$$D_1=D_2=D \tag{5.6}$$

$$T_1=T_s=2T_c \tag{5.7}$$

$$t_2-t_1=t_4-t_3=\frac{1}{2}-D \tag{5.8}$$

1. 主要电压之间的关系

电感 L_1 和 L_2 工作在连续电流模式，并且变换器工作于升压变换方式，那么电感 L_1、L_2 和电容 C_1、C_2 的电流波形如图 5.5 所示。忽略输入滤波器，一个开关周期 $[t_b,t_4]$ 内电感电流的变化量计算如下。

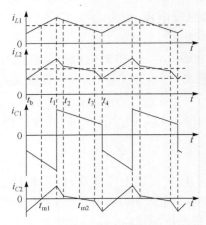

图 5.5 升压变换方式时电感、电容中的电流原理波形

$[t_b, t_1]$ 期间，变换器工作在模式 1，电感 L_1 和 L_2 中的电流变化量如式 (5.9) 和式 (5.10) 所示 (由于变换器工作的开关频率高，计算时电感中电流的变化均采取近似线性计算)：

$$i_{L1}(t_1) - i_{L1}(t_b) = \frac{u_i(t_b)}{L_1}DT_s \quad (5.9)$$

$$i_{L2}(t_1) - i_{L2}(t_b) = \frac{u_i(t_b) + u_{C1}(t_b) - u_o(t_b)}{L_2}DT_s \quad (5.10)$$

$[t_1, t_2]$ 期间，变换器工作在模式 3，电感 L_1 和 L_2 中的电流变化量如式 (5.11) 和式 (5.12) 所示：

$$i_{L1}(t_2) - i_{L1}(t_1) = \frac{-u_{C1}(t_1)}{L_1}\left(\frac{1}{2} - D\right)T_s \quad (5.11)$$

$$i_{L2}(t_2) - i_{L2}(t_1) = \frac{-u_o(t_1)}{L_2}\left(\frac{1}{2} - D\right)T_s \quad (5.12)$$

$[t_2, t_3]$ 期间，变换器工作在模式 2，电感 L_1 和 L_2 中的电流变化量如式 (5.13) 和式 (5.14) 所示：

$$i_{L1}(t_3) - i_{L1}(t_2) = \frac{-u_{C1}(t_2)}{L_1}DT_s \quad (5.13)$$

$$i_{L2}(t_3) - i_{L2}(t_2) = \frac{u_i(t_2) - u_o(t_2)}{L_2}DT_s \quad (5.14)$$

$[t_3, t_4]$ 期间，变换器工作在模式 3，电感 L_1 和 L_2 中的电流变化量如式 (5.15) 和式 (5.16) 所示：

$$i_{L1}(t_4) - i_{L1}(t_3) = \frac{-u_{C1}(t_3)}{L_1}\left(\frac{1}{2} - D\right)T_s \quad (5.15)$$

$$i_{L2}(t_4) - i_{L2}(t_3) = \frac{-u_o(t_3)}{L_2}\left(\frac{1}{2} - D\right)T_s \quad (5.16)$$

当变换器工作开关频率很高时，一个开关周期内电源电压、电容电压、输出电压近似不变，如式 (5.17)~式 (5.19) 所示，同时有电感中电流的充放电平衡，如式 (5.20) 所示：

$$u_i(t_b) = u_i(t_1) = u_i(t_2) = u_i(t_3) \quad (5.17)$$

$$u_{C1}(t_b) = u_{C1}(t_1) = u_{C1}(t_2) = u_{C1}(t_3) \quad (5.18)$$

$$u_o(t_b) = u_o(t_1) = u_o(t_2) = u_o(t_3) \quad (5.19)$$

$$\Delta i_{L1} = \Delta i_{L2} = 0 \qquad (5.20)$$

由式(5.9)、式(5.11)、式(5.13)、式(5.15)、式(5.17)、式(5.18)和式(5.20)，可得电容 C_1 两端电压的表达式，如式(5.21)所示。同理可以计算得到输出电压的表达式，如式(5.22)所示，对 D 求导可得式(5.23)，可知其为 D 的增函数，输出电压 u_o 随着占空比 D 的增大而增大，在理论上，当 $D = 0.5$ 时，达到其最大值 $1.5u_i(t)$。

$$u_{C1}(t) = \frac{D}{1-D} u_i(t) \qquad (5.21)$$

$$u_o(t) = \frac{D(2-D)}{1-D} u_i(t) \qquad (5.22)$$

$$\frac{du_o(D)}{dD} = \frac{(1-D)^2 + 1}{(1-D)^2} u_i(t) \qquad (5.23)$$

2. 电感 L_1 和 L_2 中电流连续工作条件及连续时的纹波电流系数

根据上述的分析和图 5.5 中电感 L_1 和 L_2 电流波形，可以得到 L_1 和 L_2 中平均电流表达式，分别如式(5.24)和式(5.25)所示：

$$\bar{i}_{L1} = i_{L1}(t_b) + \frac{1}{2}[i_{L1}(t_1) - i_{L1}(t_b)] = i_{L1}(t_b) + \frac{u_i T_s}{2L_1} D \qquad (5.24)$$

$$\bar{i}_{L2} = i_{L2}(t_b) + \frac{1}{T_s} \left\{ \frac{1}{2}[i_{L2}(t_1) - i_{L2}(t_b)]DT_s + \frac{1}{2}[i_{L2}(t_1) - i_{L2}(t_2)]\left(\frac{1}{2} - D\right)T_s \right.$$

$$+ \frac{1}{2}[i_{L2}(t_2) - i_{L2}(t_3)]DT_s + \frac{1}{2}[i_{L2}(t_3) - i_{L2}(t_4)]\left(\frac{1}{2} - D\right)T_s$$

$$\left. + [i_{L2}(t_2) - i_{L2}(t_3)]\left(\frac{1}{2} - D\right)T_s + [i_{L2}(t_3) - i_{L2}(t_4)]\frac{T_s}{2} \right\}$$

$$= i_{L2}(t_b) + \frac{u_i T_s}{2L_2} D(1-D) \qquad (5.25)$$

由于变换器拓扑结构的特殊性，同时根据一个开关周期内电容中平均电流近似为零，电感 L_1 和 L_2 中平均电流还有如式(5.26)和式(5.27)所示的关系式。在理想情况下，输入输出功率相等，如式(5.28)所示：

$$\bar{i}_{L2} = \frac{u_o}{R_L} \qquad (5.26)$$

$$\bar{i}_i = D\bar{i}_{L1} + 2D\bar{i}_{L2} \qquad (5.27)$$

$$u_i \cdot \bar{i}_i = \frac{u_o^2}{R_L} \qquad (5.28)$$

由式(5.22)、式(5.26)、式(5.27)和式(5.28)，可得到电感 L_1 中的平均电流为

$$\overline{i}_{L1} = \frac{u_{\mathrm{i}}D^2(2-D)}{R_L(1-D)^2} = \frac{u_{\mathrm{i}}P_{\mathrm{o}}D^2(2-D)}{U_{\mathrm{o}}^2(1-D)^2} \tag{5.29}$$

为求得连续电流模式下的临界值电感值,只需令 $i_{L1}(t_{\mathrm{b}})=0=i_{L2}(t_{\mathrm{b}})$,再通过式(5.24)和式(5.29)的相等关系,可以算得电感 L_1 中电流工作在 CCM 需满足的条件如式(5.30)所示;同理可得电感 L_2 中电流工作在 CCM 需满足的条件如式(5.31)所示:

$$L_1 \geqslant L_{1\mathrm{c}} = \frac{R_L T_{\mathrm{s}}(1-D)^2}{2D(2-D)} \tag{5.30}$$

$$L_2 \geqslant L_{2\mathrm{c}} = \frac{R_L T_{\mathrm{s}}(1-D)^2}{2(2-D)} \tag{5.31}$$

由式(5.9)和式(5.29)可以得到电感 L_1 中纹波电流系数 k_{L1} 如式(5.32)所示;同理由式(5.10)和式(5.26),可得电感 L_2 中纹波电流的最大变化值、纹波电流系数 k_{L2} 分别如式(5.33)和式(5.34)所示:

$$k_{L1} = \frac{\Delta i_{L1}}{\overline{i}_{L1}} = \frac{u_{\mathrm{i}}}{L_1}DT_{\mathrm{s}}\frac{R_L(1-D)^2}{u_{\mathrm{i}}D^2(2-D)} = \frac{U_{\mathrm{o}}^2 T_{\mathrm{s}}(1-D)^2}{P_{\mathrm{o}}L_1 D(2-D)} \tag{5.32}$$

$$\Delta i_{L2\max} = \frac{u_{\mathrm{i}}+u_{C1}-u_{\mathrm{o}}}{L_2}DT_{\mathrm{s}} = \frac{u_{\mathrm{o}}T_{\mathrm{s}}(1-D)^2}{L_2\ 2-D} \tag{5.33}$$

$$k_{L2} = \frac{\Delta i_{L2\max}}{\overline{i}_{L2}} = \frac{u_{\mathrm{o}}T_{\mathrm{s}}}{L_2}\frac{(1-D)^2}{2-D}\frac{R_L}{u_{\mathrm{o}}} = \frac{U_{\mathrm{o}}^2 T_{\mathrm{s}}(1-D)^2}{P_{\mathrm{o}}L_2(2-D)} \tag{5.34}$$

3. 电容 C_1 和 C_2 两端的纹波电压系数

由变换器的工作原理,在时段 $[t_{\mathrm{b}},t_1]$,变换器工作在模式 1,电容 C_1 中电流等于输出滤波电感 L_2 中的电流,与参考方向相反;在时段 $[t_1,t_4]$,电容 C_1 中电流等于电感 L_1 中电流,与参考方向相同。对流过电容 C_1 中的电流大于零部分(或者小于零部分)进行积分,可以计算得到电容 C_1 两端的纹波电压变化值如式(5.35)所示,因此可以算得电容 C_1 两端的纹波电压系数 k_{C1} 如式(5.36)所示:

$$\Delta u_{C1} = \frac{Q_{C1}}{C_1} = \frac{1}{C_1}\int_{t_1}^{t_4}i_{C1}(t)\mathrm{d}t = \frac{u_{\mathrm{i}}T_{\mathrm{s}}D^2(2-D)}{R_L C_1(1-D)} \tag{5.35}$$

$$k_{C1} = \frac{\Delta u_{C1}}{u_{C1}} = \frac{u_{\mathrm{i}}T_{\mathrm{s}}D^2(2-D)}{R_L C_1(1-D)}\frac{1-D}{Du_{\mathrm{i}}} = \frac{P_{\mathrm{o}}T_{\mathrm{s}}D(2-D)}{U_{\mathrm{o}}^2 C_1} \tag{5.36}$$

电容 C_2 中电流 i_{C2} 为输出滤波电感 L_2 中电流减去负载电流,下面将通过式(5.37)和式(5.38)证明,与时间轴上时段 $[t_{\mathrm{b}},t_1]$ 和时段 $[t_2,t_3]$ 的交点 t_{m1} 和 t_{m2} 为各自时段的中点,如图 5.5 所示。

$$\frac{1}{2}\left[i_{L2}(t_1)-i_{L2}(t_{\mathrm{b}})\right] = \frac{1}{2}\frac{u_{\mathrm{i}}+u_{C1}-u_{\mathrm{o}}}{L_2}DT_{\mathrm{s}} = \frac{u_{\mathrm{i}}T_{\mathrm{s}}D(1-D)}{2L_2} = \overline{i}_{L2}-i_{L2}(t_{\mathrm{b}})$$

$$\tag{5.37}$$

$$i_{L2}(t_2) - i_{L2}(t_1) + \frac{1}{2}\left[i_{L2}(t_3) - i_{L2}(t_2)\right] = -\frac{u_o}{L_2}\left(\frac{1}{2} - D\right)T_s + \frac{1}{2}\frac{u_i - u_o}{L_2}DT_s$$

$$= -\frac{u_i T_s D(1-D)}{2L_2} = -\left[\bar{i}_{L2} - i_{L2}(t_b)\right] \tag{5.38}$$

式(5.37)和式(5.38)的值大小相等,正负相反,证明电容 C_2 中电流 i_{C2} 与时间轴上时段 $[t_b, t_1]$ 和时段 $[t_2, t_3]$ 的交点均为各自时段的中点。因此,变换器升压工作情况下电容 C_2 上的纹波电压为

$$\Delta u_{C2} = \frac{Q_{C2}}{C_2} = \frac{1}{C_2}\int_{t_{m1}}^{t_{m2}} i_{C2}(t)\,\mathrm{d}t = \frac{1}{C_2}\left\{\frac{1}{2}\frac{i_{L2}(t_1) - i_{L2}(t_b)}{2}\frac{DT_s}{2}\right.$$

$$+ \frac{1}{2}\left[\frac{i_{L2}(t_1) - i_{L2}(t_b)}{2} + \frac{i_{L2}(t_2) - i_{L2}(t_3)}{2}\right]\left(\frac{1}{2} - D\right)T_s$$

$$\left. + \frac{1}{2}\frac{i_{L2}(t_2) - i_{L2}(t_3)}{2}\frac{DT_s}{2}\right\}$$

$$= \frac{u_i T_s^2 D^2}{8C_2 L_2} \tag{5.39}$$

因此,可得变换器升压工作情况下电容 C_2 两端的纹波电压系数 k_{C2_boost} 为

$$k_{C2\_boost} = \frac{\Delta u_{C2}}{u_o} = \frac{u_i T_s^2 D^2}{8C_2 L_2}\frac{1-D}{D(2-D)u_i} = \frac{T_s^2 D(1-D)}{8C_2 L_2(2-D)} \tag{5.40}$$

当变换器工作在降压变换模式时,并且电感 L_1 和 L_2 中的电流仍工作在 CCM 状态,以上变换器工作于升压模式时的式(5.9)～式(5.38)仍然适用。但是电容 C_2 两端的纹波电压有变化,电容 C_2 两端的纹波电压最大值如式(5.41)所示,进而得到降压变换时电容 C_2 两端的纹波电压系数 k_{C2_buck} 如式(5.42)所示:

$$\Delta u_{C2max} = \frac{Q_2}{C_2} = \frac{1}{C_2}\int_{t_{m1}}^{t_x} i_{C2}(t)\,\mathrm{d}t$$

$$= \frac{1}{C_2}\cdot\frac{1}{2}\left[(t_1 - t_{m1}) + (t_x - t_1)\right]\cdot\frac{1}{2}\left[i_{L2}(t_1) - i_{L2}(t_b)\right]$$

$$= \frac{u_i T_s^2 D(1-D)}{8C_2 L_2(2-D)} \tag{5.41}$$

$$k_{C2\_buck} = \frac{\Delta u_{C2max}}{u_o} = \frac{u_i T_s^2 D(1-D)}{8C_2 L_2(2-D)}\frac{1-D}{D(2-D)u_i} = \frac{T_s^2(1-D)^2}{8C_2 L_2(2-D)^2} \tag{5.42}$$

5.5　输出滤波器前端电压频谱结构

由前文对 Zeta 型 TL 交-交直接变换器的控制策略、工作原理和主要参数之间的关系分析可知,当变换器工作在稳定状态时,其输出滤波器前端电压 u_B 的示意

图如图 5.6 所示,其可分解为几个函数的组合,如式(5.43)所示[43]:

$$u_B(t) = d(t)\left[u_i(t) + u_{C1}(t)\right] + d\left(t - \frac{T_s}{2}\right)u_i(t) = \left[\frac{1}{1-D}d(t) + d\left(t - \frac{T_s}{2}\right)\right]u_i(t)$$

$$(5.43)$$

其中,$u_i(t)$ 为输入电源电压;周期函数 $d(t)$ 为

$$d(t) = \begin{cases} 1, & 0 \leqslant t \leqslant DT_s \\ 0, & DT_s < t < T_s \end{cases}$$

$$(5.44)$$

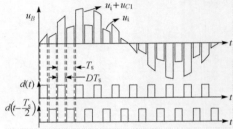

图 5.6　输出滤波器前端电压示意图

将周期函数 $d(t)$ 分解为傅里叶级数相加,如式(5.45)所示:

$$d(t) = D + \sum_{n=1}^{\infty} \frac{2}{n\pi} \sin(Dn\pi)\cos(n\omega_s t - Dn\pi)$$

$$(5.45)$$

其中

$$\omega_s = 2\pi/T_s$$

$$(5.46)$$

设输入电压 $u_i(t) = \sqrt{2}U_i\sin(\omega t)$,由式(5.43)、式(5.45)和式(5.46)得

$$u_B = \left\{\frac{1}{1-D}\left[D + \sum_{n=1}^{\infty}\frac{2}{n\pi}\sin(Dn\pi)\cos(n\omega_s t - Dn\pi)\right] + D\right.$$

$$\left. + \sum_{n=1}^{\infty}\frac{2}{n\pi}\sin(Dn\pi)\cos\left[n\omega_s\left(t - \frac{T_s}{2}\right) - Dn\pi\right]\right\}\sqrt{2}U_i\sin(\omega t)$$

$$= \left[\frac{D(2-D)}{1-D} + \sum_{n=1}^{\infty}\frac{1+(-1)^n(1-D)}{1-D}\frac{2}{n\pi}\sin(Dn\pi)\cos(n\omega_s t - Dn\pi)\right]$$

$$\cdot \sqrt{2}U_i\sin(\omega t)$$

$$= \frac{\sqrt{2}D(2-D)}{1-D}U_i\sin(\omega t) + \sum_{n=1}^{\infty}\frac{1+(-1)^n(1-D)}{1-D}\frac{\sqrt{2}U_i}{n\pi}\sin(Dn\pi)$$

$$\cdot \left[\sin(n\omega_s t + \omega t - Dn\pi) - \sin(n\omega_s t - \omega t - Dn\pi)\right]$$

$$(5.47)$$

由式(5.47)可以看出,输出滤波器前端电压的傅里叶级数展开式中,其基波分量为输出电压,而高次谐波的频率主要依赖于开关频率,幅值与占空比 D 和输入电压 $u_i(t)$ 有关。当变换器工作在高频状态时,高次谐波很容易通过低通滤波器滤除。

5.6　原理样机设计和实验结果

5.6.1　指标要求与参数选取

Zeta 型 TL 交-交直接变换器原理样机的主要指标要求：额定输出视在功率 $S_o=500\text{VA}$，输入电压 $u_i=220\sqrt{2}\sin(100\pi t)\text{V}(\pm10\%)$，输出电压 $u_o=(0.5\sim1.1)u_i$，开关频率 $f_s=50\text{kHz}$，电感 L_1、L_2 中电流纹波系数 $k_{L1}\leqslant60\%$、$k_{L2}\leqslant40\%$，电容 C_1、C_2 两端电压纹波系数 $k_{C1}\leqslant8\%$、$k_{C2}\leqslant1\%$。

根据输入输出电压值，可以得到变换器稳态工作时的占空比，再由式(5.32)、式(5.34)、式(5.36)、式(5.40)和式(5.42)，可得电感 L_1、L_2 和电容 C_1、C_2 需满足的条件如表 5.1 所示。考虑到实际因素，最终选取电感、电容的值为：$L_1=2.5\text{mH}$，$L_2=1.4\text{mH}$，$C_1=C_2=4.7\mu\text{F}$。

表 5.1　电感和电容的参数设计

输入、输出电压值/V	$U_i=198$ $U_o=242$	$U_i=220$ $U_o=242$	$U_i=242$ $U_o=242$	$U_i=198$ $U_o=110$	$U_i=220$ $U_o=110$	$U_i=242$ $U_o=110$
D	0.44	0.41	0.38	0.24	0.22	0.2
$L_1\geqslant\dfrac{u_o^2 T_s(1-D)^2}{P_o k_{L1} D(2-D)}$	1.78mH	2.08mH	2.44mH	1.1mH	1.25mH	1.43mH
$L_2\geqslant\dfrac{u_o^2 T_s(1-D)^2}{k_{L2} P_o(2-D)}$	1.17mH	1.28mH	1.39mH	0.4mH	0.41mH	0.43mH
$C_1\geqslant\dfrac{P_o T_s D(2-D)}{k_{C1} U_o^2}$	1.47μF	1.39μF	1.31μF	4.36μF	4.05μF	3.72μF
$C_2\geqslant\dfrac{T_s^2 D(1-D)}{8k_{C2\_\text{boost}} L_2(2-D)}$	0.59μF	0.54μF	0.52μF	—	—	—
$C_2\geqslant\dfrac{T_s^2(1-D)^2}{8k_{C2\_\text{buck}} L_2(2-D)^2}$	—	—	0.53μF	0.67μF	0.69μF	0.71μF

5.6.2　感性负载实验结果

升压变换时(输出 $U_o=242\text{V}$)感性负载的实验波形如图 5.7 所示。由图 5.7(a) 可以看出，输出波形 THD 较小。图 5.7(b)给出了电流反向流动时对应功率管 S_4、S_6 和 S_9 的触发电压与输出滤波器前端电压波形。图 5.7(c)为反向功率流状态 A 的局部放大，可以看出非互补控制策略下控制信号的交叠，即使 S_4 和 S_6 的触发电压 u_{S4} 和 u_{S6} 有几处缺失，也获得了良好的滤波器前端输出电压 u_B，证明了非互补控制变换器的抗干扰性强、可靠性高。

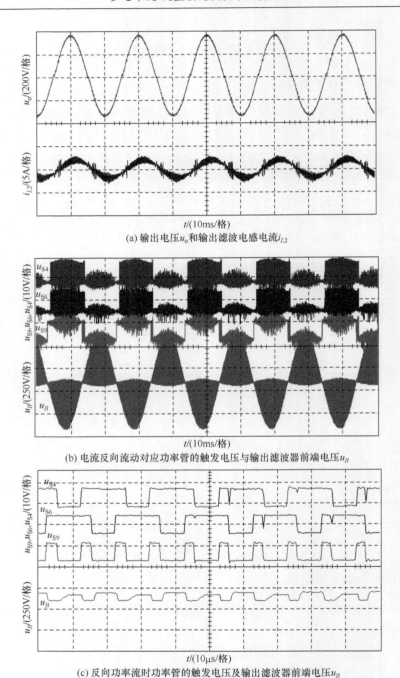

(a) 输出电压u_o和输出滤波电感电流i_{L2}

(b) 电流反向流动对应功率管的触发电压与输出滤波器前端电压u_B

(c) 反向功率流时功率管的触发电压及输出滤波器前端电压u_B

图 5.7　升压变换时感性负载实验波形

5.6.3　容性负载实验结果

降压变换时(U_o=110V)容性负载的实验波形如图 5.8 所示。由图 5.8(a)可以看出,输出波形 THD 较小。图 5.8(b)给出了电流反向流动时对应功率管 S_4、S_6 和 S_9 的触发电压与输出滤波器前端电压波形。图 5.8(c)为反向功率流时的局部放大,可以看出容性负载续流时段控制信号的交叠,即使 u_{S6} 和 u_{S9} 各有一处前沿抖动缺失,非互补控制也能实现工作模式平滑的切换,滤波器前端输出电压 u_B 波形良好,同样证实了非互补控制策略抗干扰性强,大大提高了变换器的可靠性。

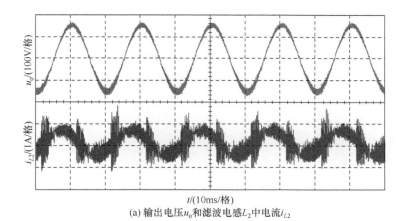

(a) 输出电压 u_o 和滤波电感 L_2 中电流 i_{L2}

(b) 电流反向流动时对应功率管的触发电压与输出滤波器前端电压 u_B

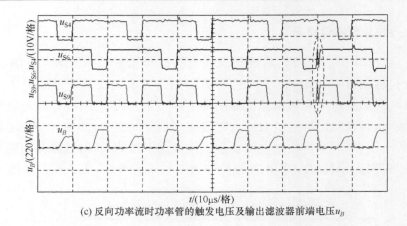

(c) 反向功率流时功率管的触发电压及输出滤波器前端电压 u_B

图 5.8   降压变换时容性负载实验波形

5.6.4   样机的性能指标和测试结果

1. 性能指标

研制成功的 Zeta 型 TL 交-交直接变换器样机的主要性能指标如下：
(1) 输入电压：198～242V(AC)。
(2) 输出电压：220V±1.5V(AC)。
(3) 输出额定容量：500VA。
(4) 输出电压频率：50Hz。
(5) 不同性质额定负载时输出电压 THD：<2.7%～3.7%。
(6) 负载功率因数：-0.75(容性)～0.75(感性)。
(7) 不同性质额定负载时变换效率：>80.5%～85.2%。
(8) 不同性质额定负载时网侧功率因数：>0.65～0.95。
(9) 体积：(245×160×135)mm³。
(10) 质量：3.8kg。

2. 实验数据

在不同输入电压和不同性质负载情况下，Zeta 型 TL 交-交直接变换器样机的实验数据如表 5.2～表 5.4 所示。表中除效率为计算值，其他均为功率分析仪测量结果。从测试结果可以看出，该变换器负载适应能力强，在额定感性、阻性和容性负载时，在输入电压范围内，输出电压最小值为 218.5V，最大值为 220.4V，即最大波动幅值为 1.9V，与输出电压额定值 220V 的相对误差小于 1%，说明变换器具有很好的稳压效果。测试结果还证实了该变换器具有较高的网侧功率因数、较小的输出电压 THD 和较高的变换效率。

表 5.2　额定感性负载时实验数据

电量 输入 电压	输入 电流 I_i/A	输入 功率 P_i/W	网侧 功率 因数 $\cos\varphi$	输出 电压 U_o/V	输出 电流 I_o/A	输出 功率 P_o/W	负载 功率 因数 $\cos\varphi_o$	输出 视在 功率 S_o/VA	效率 η/%	输出 电压 THD /%
U_i=198V	2.413	448.5	0.936	218.5	2.283	383.0	0.767	499.0	85.4	2.8
U_i=220V	2.217	451.1	0.926	219.0	2.297	384.1	0.767	503.0	85.2	2.9
U_i=242V	1.974	454.9	0.953	219.5	2.295	387.0	0.767	503.8	85.1	2.6

表 5.3　阻性负载时实验数据

电量 输入 电压	输入 电流 I_i/A	输入 功率 P_i/W	网侧 功率 因数 $\cos\varphi$	输出 电压 U_o/V	输出 电流 I_o/A	输出 功率 P_o/W	效率 η/%	输出 电压 THD /%
	1.459	238.2	0.822	219.3	0.904	198.2	83.2	2.3
	1.682	292.4	0.877	219.3	1.123	246.2	84.2	2.8
	1.951	349.9	0.906	219.3	1.351	296.2	84.7	2.9
U_i=198V	2.216	409.5	0.932	219.2	1.588	347.9	85.0	3.0
	2.479	464.9	0.946	219.2	1.805	395.6	85.1	2.7
	2.745	520.4	0.958	219.2	2.025	443.7	85.3	2.8
	3.056	584.0	0.966	219.3	2.273	498.3	85.3	2.7
	3.352	642.8	0.970	219.2	2.492	546.1	85.0	2.8
	1.364	240.1	0.799	219.6	0.906	198.8	82.8	2.7
	1.560	294.3	0.857	219.8	1.125	247.2	84.0	2.1
	1.783	352.1	0.896	219.8	1.354	297.5	84.5	2.4
U_i=220V	2.038	412.3	0.918	219.9	1.592	349.9	84.9	2.7
	2.273	467.6	0.935	219.9	1.810	397.9	85.1	2.7
	2.511	524.4	0.950	219.9	2.032	446.5	85.1	2.5
	2.787	587.0	0.957	220.0	2.280	501.5	85.4	2.7
	3.027	644.1	0.967	219.9	2.500	549.5	85.3	2.5
	1.298	242.1	0.786	219.8	0.907	199.2	82.3	2.0
	1.456	296.3	0.840	220.0	1.127	247.8	83.6	2.3
	1.690	354.3	0.867	220.3	1.357	299.0	84.4	2.5
U_i=242V	1.894	414.8	0.905	220.2	1.595	351.1	84.6	2.3
	2.107	470.4	0.923	220.3	1.814	399.6	85.0	2.4
	2.326	528.4	0.938	220.3	2.039	449.2	85.0	2.5
	2.572	591.1	0.950	220.4	2.284	503.3	85.2	2.5
	2.796	648.3	0.958	220.4	2.506	552.0	85.2	1.7

表 5.4　容性负载时实验数据

输入电压 \ 电量	输入电流 I_i/A	输入功率 P_i/W	网侧功率因数 $\cos\varphi$	输出电压 U_o/V	输出电流 I_o/A	输出功率 P_o/W	负载功率因数 $\cos\varphi_o$	输出视在功率 S_o/VA	效率 η/%	输出电压 THD/%
	1.741	199.1	0.577	218.7	0.927	152.7	0.753	202.7	76.7	3.2
	2.023	244.1	0.609	218.9	1.158	191.1	0.754	253.5	78.3	3.3
	2.314	288.5	0.629	219.1	1.387	228.5	0.752	303.9	79.2	3.4
	2.621	334.8	0.645	219.1	1.631	267.5	0.748	357.8	79.9	3.4
$U_i = 198V$	2.89	379	0.661	219.4	1.850	304.4	0.750	405.9	80.3	3.4
	3.18	426	0.674	219.4	2.085	342.8	0.749	457.5	80.5	3.7
	3.482	469.9	0.682	219.5	2.306	379.5	0.750	506.2	80.8	3.7
	3.78	518	0.691	219.5	2.545	418.0	0.748	558.6	80.7	3.7
	1.639	205.5	0.568	219.1	0.929	153.3	0.753	203.5	74.6	3.7
	1.895	248.5	0.596	219.4	1.160	192.0	0.754	254.6	77.3	3.5
	2.158	291.3	0.614	219.7	1.390	229.4	0.752	305.1	78.8	3.4
	2.429	337.3	0.630	219.7	1.634	268.5	0.748	359.1	79.6	3.3
$U_i = 220V$	2.683	381.1	0.646	219.8	1.855	305.7	0.750	407.7	80.2	3.1
	2.95	427	0.657	219.9	2.090	344.6	0.750	459.7	80.7	3.3
	3.22	474	0.668	220.0	2.312	381.2	0.750	508.8	80.5	3.5
	3.50	520	0.676	220.1	2.551	420.5	0.749	561.4	80.9	3.4
	1.567	207.3	0.546	219.8	0.932	154.2	0.753	204.7	74.4	3.0
	1.790	250.4	0.578	219.8	1.162	192.7	0.754	255.6	77.0	2.4
	2.041	293.1	0.593	220.0	1.392	230.2	0.752	306.2	78.5	2.9
	2.30	339	0.610	220.1	1.637	269.4	0.748	360.2	79.5	2.8
$U_i = 242V$	2.52	383	0.626	220.1	1.857	306.5	0.750	408.8	80.0	3.4
	2.78	431	0.639	220.3	2.093	345.5	0.749	461.1	80.2	3.7
	3.01	475	0.651	220.4	2.316	382.9	0.750	510.5	80.6	3.2
	3.26	522	0.662	220.5	2.555	421.8	0.749	563.2	80.6	3.5

由表 5.3 可得,随输出功率变化的效率曲线 η(%)、网侧功率因数曲线 $\cos\varphi$ 和输出电压 THD(%)曲线,如图 5.9 所示。由表 5.4 得到随输出视在功率变化的效率曲线,如图 5.10 所示。可以看出,Zeta 型 TL 交-直接变换器具有网侧功率因数较高、输出电压 THD 较小和变换效率较高等优点,变换器效率随输出功率变化小。在额定负载处,上述三项指标综合较优,说明变换器得到了优化设计。

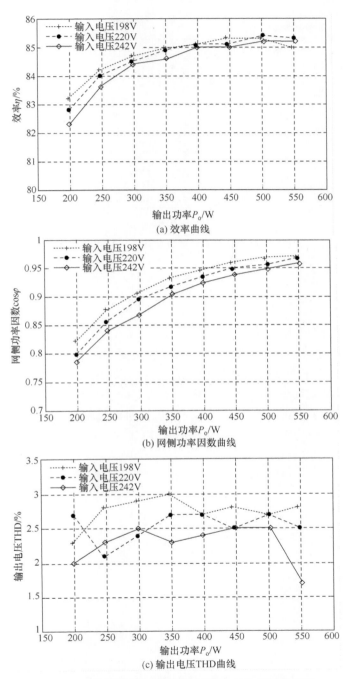

(a) 效率曲线

(b) 网侧功率因数曲线

(c) 输出电压THD曲线

图 5.9　阻性负载下变换器指标随输出功率变化曲线

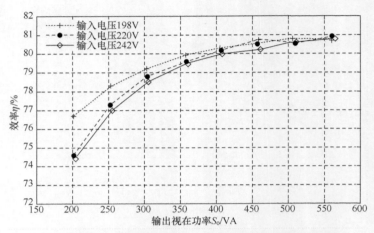

图 5.10　容性负载下变换器效率随输出视在功率变化曲线

本 章 小 结

　　本章重点研究了输入输出共地的 Zeta 型 TL 交-交直接变换器；提出了非互补控制策略，使得变换器在不同模式之间转换时可平滑过渡，不会产生电压尖峰，提高了可靠性；分析了变换器的稳态工作原理，对主要电压之间的关系、电流连续工作条件和纹波电流系数、电容的纹波电压系数进行了推导，对输出滤波器前端电压的频谱特性进行了分析；设计并研制了样机，样机的性能指标和实验结果证明，该变换器具有输入侧功率因数较高、输出电压 THD 较小、变换效率较高和负载适应能力强等优点。

第 6 章　组合式 TL 交-交直接变换器

6.1　引　　言

第 2~5 章提出了输入输出非共地和共地的 TL 交-交直接变换器,对各种变换器的控制原理、工作原理和外特性、参数设计、仿真等进行了分析,重点对输入输出共地的 Buck-Boost 型和 Zeta 型拓扑进行了研究,并进行了实验验证。

本章基于交流开关单元提出一类输入输出非共地的组合式 TL 交-交直接变换器,并对其进行改进,提出输入输出共地的组合式 TL 交-交直接变换器拓扑族,包括 Buck TL-Boost、Buck-Boost TL 和 Buck TL-Boost TL 型三种电路拓扑。

6.2　交流开关单元及延拓

交-交变换器是在直流变换器的基础上发展起来的。在交-交变换器中,要求开关管具有双向导通能力,常用的交流开关结构如图 6.1(a)所示。该交流开关结构是将两个直流开关管分别反并联一个二极管,再串联组成的。将直流开关单元中的开关管和二极管都换成交流开关就得到交流开关单元,如图 6.1(b)所示。

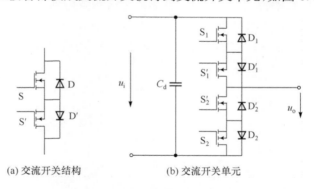

(a) 交流开关结构　　　　　(b) 交流开关单元

图 6.1　交流开关结构和单元

同样根据串-并(并-串)思想,将交流开关单元进行串-并(并-串)组合,可以得到如图 6.2 所示的 TL 交-交开关拓扑。

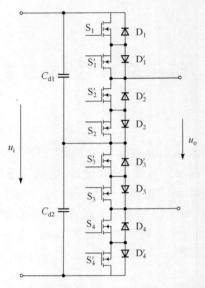

图 6.2　交流开关单元串联的 TL 交-交开关拓扑

6.3　电路拓扑族

6.3.1　基本的 TL 交-交直接变换器拓扑族

　　将串-并(并-串)思想生成的 TL 交-交开关拓扑应用到基本直流变换器中,可以得到基本的 TL 交-交直接变换器,其中 Buck 型、Boost 型和 Buck-Boost 型拓扑如图 6.3 所示。可见,基本的 TL 交-交直接变换器即为第 2 章所提出的拓扑。

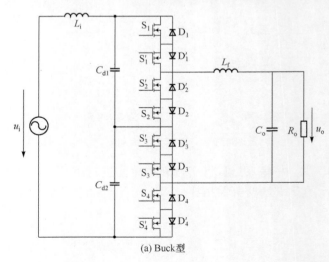

(a) Buck 型

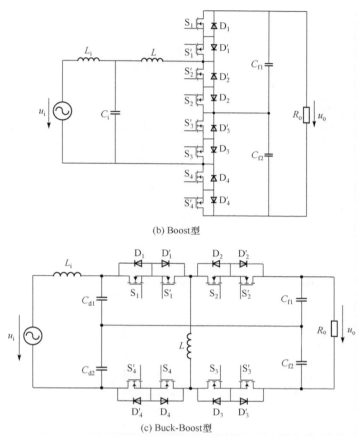

(b) Boost型

(c) Buck-Boost型

图 6.3　基本的 TL 交-交直接变换器

6.3.2　组合式 TL 交-交直接变换器拓扑族

　　根据串-并(并-串)思想,将 Buck 型和 Boost 型交-交直接变换器进行组合,提出一族组合式 TL 交-交直接变换器,如图 6.4 所示。组合式 TL 交-交直接变换器具有电路拓扑简洁、谐波含量少、单级功率变换、输入侧功率因数高、双向功率流、滤波体积小和成本低等特点[44]。

　　图 6.4 所提出的组合式 TL 交-交直接变换器族可以根据不同的场合选用不同的变换器。图 6.4(a)所示的变换器输入级开关管承受的电压应力为输入电压的一半,输出级开关管的电压应力为输出电压,因此该变换器适用于高压输入/低压输出场合;图 6.4(b)所示的变换器输入级开关管的电压应力为输入电压而输出级电压应力较小,适用于低压输入/高压输出场合;图 6.4(c)所示的变换器输入级和输出级开关管的电压应力都比较小,适用于高压输入/高压输出场合。

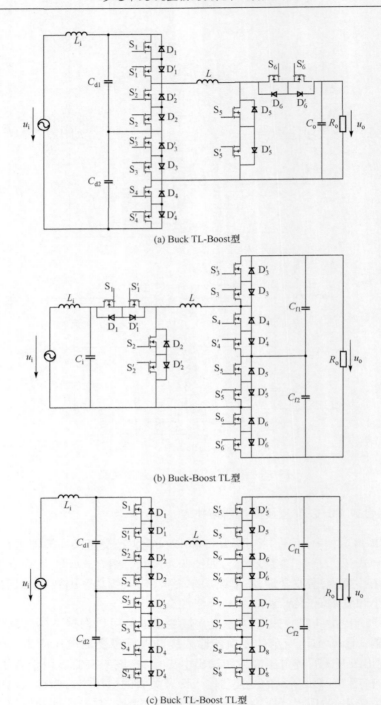

(a) Buck TL-Boost型

(b) Buck-Boost TL型

(c) Buck TL-Boost TL型

图 6.4　组合式 TL 交-交直接变换器拓扑族

6.4　输入输出共地的拓扑族

图 6.4 中提出的组合式 TL 交-交直接变换器,都是采用分压电容对输入电压或输出电压进行均分的,输入和输出不共地,限制了应用范围。为了解决此问题,可以在变换器中加入浮动电容 C_b,将其改进成输入输出共地的组合式 TL 交-交直接变换器。以 Buck TL-Boost 型组合式 TL 交-交直接变换器为例,改进方法如下。

将 Buck TL-Boost 型组合式 TL 交-交直接变换器加入浮动电容 C_b,如图 6.5(a)所示。假设分压电容 $C_{d1} > C_{d2}$,则有 $u_{Cd2} > u_{Cd1}$,浮动电容的电压 u_{Cb} 为

$$u_{Cb} = (u_{Cd2} - u_{Cd1})/2 \tag{6.1}$$

如果保持分压电容 C_{d2} 容值不变,将分压电容 C_{d1} 变大,那么 u_{Cd1} 将降低,u_{Cd2} 将升高。根据式(6.1)可知,u_{Cb} 也升高。如果 C_{d1} 远大于 C_{d2},则 $u_{Cd1} \approx 0$,$u_{Cd2} \approx u_i$,那么 $u_{Cb} \approx u_i/2$。由于 $u_{Cd1} \approx 0$,相当于短路,可以用一根导线短接,如图 6.5(b)所示,此时分压电容 C_{d2} 直接与输入电压源并联,可以省去,如图 6.5(c)所示。最后将开关管 S_4、S_4' 转移到输入电压源的另一侧,可以得到输入输出共地的 Buck TL-Boost 型组合式 TL 交-交直接变换器,如图 6.5(d)所示。该改进的拓扑不仅保留了原有拓扑的全部优点,而且输入和输出共地,扩大了应用范围。

根据这种改进方法,提出一族输入输出共地的组合式 TL 交-交直接变换器,如图 6.6 所示[45,46]。

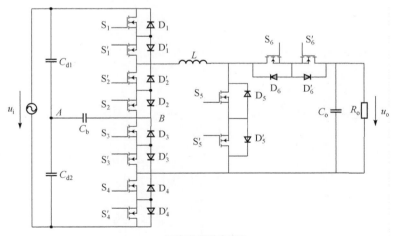

(a) 加入浮动电容 C_b

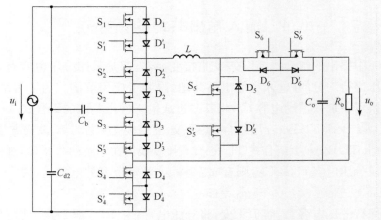

(b) 去掉分压电容C_{d1}

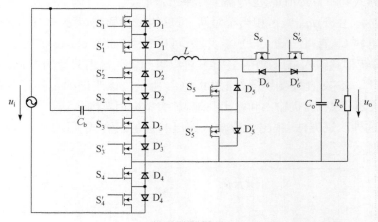

(c) 去掉分压电容C_{d2}

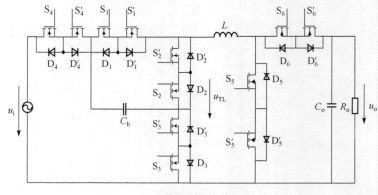

(d) 移动开关管S_4和S_4'

图 6.5　组合式 TL 交-交直接变换器的改进

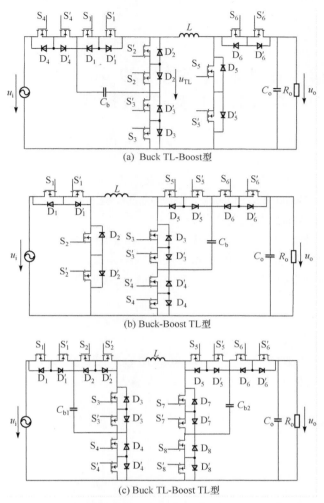

(a) Buck TL-Boost型

(b) Buck-Boost TL型

(c) Buck TL-Boost TL型

图 6.6　改进的组合式 TL 交-交直接变换器拓扑族

本 章 小 结

　　基于交流开关单元的串并思想,本章提出了一类输入输出非共地的组合式 TL 交-交直接变换器,包括 Buck TL-Boost、Buck-Boost TL 和 Buck TL-Boost TL 型三种电路拓扑。这类变换器具有单级功率变换(LFAC-LFAC)、双向功率流、输入与输出之间无电气隔离、不共地、功率开关的电压应力可降低、负载适应能力强、输出波形的 THD 较小、适用于高压交-交电能变换等特点。针对输入输出不共地的特点,对其进行了改进,提出了输入输出共地的组合式 TL 交-交直接变换器拓扑族,扩大了应用范围。

第 7 章　输入输出非共地的 Buck TL-Boost 型 组合式 TL 交-交直接变换器

7.1　引　　言

第 6 章提出了一类输入输出非共地的组合式 TL 交-交直接变换器,包括 Buck TL-Boost、Buck-Boost TL 和 Buck TL-Boost TL 型三种电路拓扑,并进行了改进, 提出了相应的输入输出共地的拓扑族。

本章对输入输出非共地的 Buck TL-Boost 型组合式 TL 交-交直接变换器的 工作原理进行分析,推导输出电压和输入电压的关系式,对分压电容的均压策略进 行分析,提出混合交错互补式控制方案,并进行仿真验证。

7.2　工作原理和基本关系

输入输出非共地的 Buck TL-Boost 型组合式 TL 交-交直接变换器如图 7.1 所示。其中,L_i 为输入滤波电感;C_{d1} 和 C_{d2} 为输入分压电容;L 为储能电感;C_o 为输 出滤波电容。

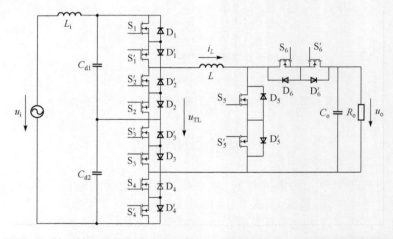

图 7.1　输入输出非共地的 Buck TL-Boost 型组合式 TL 交-交直接变换器

7.2.1　工作原理

在分析之前,作如下假设:

(1) 所有开关管、二极管、电感、电容均为理想器件;

(2) 分压电容 $C_{d1}=C_{d2}$,且足够大,可以看成两个电压为 $u_i/2$ 的恒压源;

(3) 输出滤波电容 C_o 足够大,可以看成电压为 u_o 的恒压源。

考虑两个均压电容的均压效果和变换器带负载能力,开关管 S_1、S_1' 和 S_2、S_2',S_3、S_3' 和 S_4、S_4',S_5、S_5' 和 S_6、S_6' 的控制时序为三组互补信号,各开关管的控制时序和主要波形如图 7.2 所示。其中 u_{TL} 为储能电感 L 的前端电压。

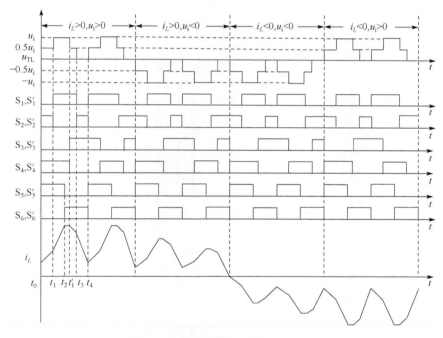

图 7.2　各开关管的控制时序和主要波形

按照输入电压 u_i 和储能电感电流 i_L 的极性,可以将组合式 TL 交-交直接变换器的工作模式分为如下四种:$u_i>0,i_L>0$;$u_i>0,i_L<0$;$u_i<0,i_L>0$;$u_i<0,i_L<0$。无论 u_i 的极性,当 $i_L>0$ 时,开关管 $S_1\sim S_6$ 高频斩控,$S_1'\sim S_6'$ 处于待导通状态,为无功能量的回馈做准备;当 $i_L<0$ 时,$S_1'\sim S_6'$ 高频斩控,$S_1\sim S_6$ 处于待导通状态,为无功能量回馈做准备。以 $i_L>0,u_i>0$ 为例,一个开关周期内变换器的开关模式如图 7.3 所示。

(1) 开关模式 $1[t_0,t_1]$:开关管 S_2、S_4、S_5 导通,分压电容 C_{d2} 向储能电感 L 中储存能量,电流由 C_{d2}、S_2、D_2'、L、S_5、D_5'、S_4、D_4' 形成回路,负载由输出滤波电容 C_o

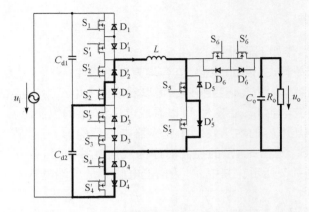

(a) 开关模态1

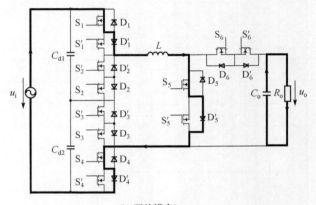

(b) 开关模态2

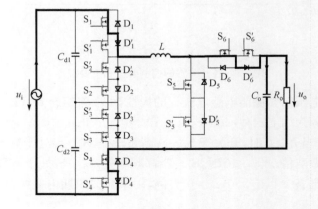

(c) 开关模态3

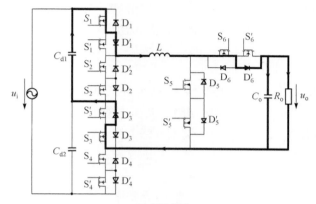

(d) 开关模态4

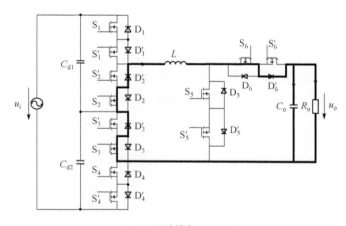

(e) 开关模态5

图 7.3　一个开关周期内的开关模态

供电,如图 7.3(a)所示。储能电感电流线性上升,其变化量为

$$\Delta i_1 = \int_{t_0}^{t_1} \frac{u_{Cd2}}{L} \mathrm{d}t = \frac{u_i/2}{L}(t_1 - t_0) \tag{7.1}$$

(2) 开关模态 $2[t_1, t_2]$:开关管 S_2 截止, S_1 导通,电流由 S_2 向 S_1 换流,输入电压源 u_i 向储能电感 L 中存储能量,电流由 u_i、S_1、D_1'、L、S_5、D_5'、S_4、D_4' 形成回路,负载仍由输出滤波电容 C_o 供电,如图 7.3(b)所示。储能电感电流继续线性上升,其变化量为

$$\Delta i_2 = \int_{t_1}^{t_2} \frac{u_i}{L} \mathrm{d}t = \frac{u_i}{L}(t_2 - t_1) \tag{7.2}$$

(3) 开关模态 $3[t_2, t_1']$:开关管 S_5 截止, S_6 导通,电流由 S_5 向 S_6 换流,输入电压

源 u_i 继续给储能电感存储能量,同时向负载供电,电流由 u_i、S_1、D_1'、L、S_6、D_6'、R_o、S_4、D_4' 形成回路,如图 7.3(c)所示。储能电感电流继续线性上升,其变化量为

$$\Delta i_3 = \int_{t_2}^{t_1'} \frac{u_i - u_o}{L} dt = \frac{u_i - u_o}{L}(t_1' - t_2) \tag{7.3}$$

(4) 开关模态 $4[t_1', t_3]$:开关管 S_4 截止,S_3 导通,电流由 S_4 向 S_3 换流,电流由 C_{d1}、S_1、D_1'、L、S_6、D_6'、R_o、S_3、D_3' 形成回路。储能电感 L 释放能量,和分压电容 C_{d1} 共同向负载供电,如图 7.3(d)所示。储能电感电流开始线性下降,其变化量为

$$\Delta i_4 = \int_{t_1'}^{t_3} \frac{u_{Cd1} - u_o}{L} dt = \frac{u_i/2 - u_o}{L}(t_3 - t_1') \tag{7.4}$$

(5) 开关模态 $5[t_3, t_4]$:开关管 S_1 截止,S_2 导通,储能电感 L 向负载释放能量,电感电流经过 L、S_6、D_6'、R_o、S_3、D_3'、S_2、D_2' 开始续流,如图 7.3(e)所示。储能电感电流继续线性下降,其变化量为

$$\Delta i_5 = \int_{t_3}^{t_4} \frac{-u_o}{L} dt = \frac{-u_o}{L}(t_4 - t_3) \tag{7.5}$$

一个开关周期结束后进入下一个开关周期,与前一个开关周期基本相同,只是将开关管 S_4 和 S_1 的控制时序调换一下,使分压电容 C_{d1} 先向负载供电,不再赘述。

7.2.2　输出和输入电压的基本关系

由于开关管工作在高频状态,在一个开关周期内,变换器工作状态可以近似等效为直流开关状态,所以储能电感电流的变化量应满足

$$\Delta i_1 + \Delta i_2 + \Delta i_3 + \Delta i_4 + \Delta i_5 = 0 \tag{7.6}$$

由式(7.1)～式(7.6),可得输入和输出电压的基本关系为

$$\frac{u_o}{u_i} = \frac{(t_1' - t_0) + (t_3 - t_1)}{2[(t_4 - t_0) - (t_2 - t_0)]} = \frac{D' + D}{2(1 - D'')} \tag{7.7}$$

式中,D 为 S_1、S_1' 的占空比;D' 为 S_4、S_4' 的占空比;D'' 为 S_5、S_5' 的占空比。

7.3　控　制　设　计

7.3.1　分压电容均压策略

为了减小输入级开关管的电压应力和实现 0、1/2 和 1 三种电平,必须保证分压电容 C_{d1} 和 C_{d2} 的电压始终相等。为了保证均压电容 C_{d1} 和 C_{d2} 的电压平衡,本章提出了一种混合交错互补式控制方案,使得 S_1、S_1' 和 S_2、S_2',S_3、S_3' 和 S_4、S_4',S_5、S_5' 和 S_6、S_6' 这三组功率开关管互补导通,而且 S_1、S_1' 和 S_4、S_4' 的控制信号在相邻两个开关周期内不对称。开关管 S_1、S_1' 和 S_4、S_4' 的控制时序如图 7.4 所示,S_1、S_1' 和 S_4、

S_4' 的控制时序以两个开关周期为一个控制单元,在一个控制单元内,S_1、S_1' 的总占空比和 S_4、S_4' 的总占空比相等,但是在一个开关周期内 S_1、S_1' 和 S_4、S_4' 的占空比不等,且 $D_1 = D_2'$,$D_2 = D_1'$。其中:

　　D_i:一个控制单元内,第 i 个开关周期内 S_1、S_1' 的占空比;

　　D_i':一个控制单元内,第 i 个开关周期内 S_4、S_4' 的占空比($i = 1, 2$)。

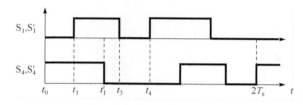

图 7.4　$S_1(S_1')$ 和 $S_4(S_4')$ 的控制时序

　　从图 7.4 可以看出,在 $t_1 \sim t_1'$ 时间内,S_4 和 S_1 同时导通,三电平电压 $u_{TL} = u_i$,流过两个均压电容的电流是相同的,由电容电压计算式

$$\Delta u_C = \int_{t_0}^{t} i_C \mathrm{d}t \tag{7.8}$$

可知这段时间内两个电容电压的变化量相同;在 $t_3 \sim t_4$ 时间内,S_4 和 S_1 同时截止,变换器输出零电平,流经电容的电流也相同。因此,这两段时间都不影响分压电容的电压平衡。影响分压电容电压平衡的主要是在 $t_0 \sim t_1$ 和 $t_1' \sim t_3$ 时间段。在 $t_0 \sim t_1$ 时段内,开关管 S_4 导通,S_1 截止,负载由 C_{d2} 供电,u_{Cd2} 减小,且 $i_{Cd2} = i_L$,储能电感电流 i_L 由最小值开始线性增加,流经 C_{d2} 的电流平均值为

$$\overline{I}_{Cd2} = \frac{i_{t0} + i_{t1}}{2} \tag{7.9}$$

　　在 $t_1' \sim t_3$ 时间内,S_4 关断,S_1 导通,负载由 C_{d1} 供电,u_{Cd1} 减小,且 $i_{Cd1} = i_L$,i_L 由最大值开始下降,流经电容 C_{d1} 的电流平均值为

$$\overline{I}_{Cd1} = \frac{i_{t1'} + i_{t3}}{2} \tag{7.10}$$

　　因为 $i_{t3} > i_{t4} = i_{t0}$,$i_{t1'} > i_{t1}$,所以 $\overline{I}_{Cd1} > \overline{I}_{Cd2}$,由式(7.8)可知,两分压电容电压减少量有:$\Delta u_{Cd1} > \Delta u_{Cd2}$,因此在 t_4 时刻有 $u_{Cd2} > u_{Cd1}$,为了使 $u_{Cd2} = u_{Cd1}$ 相等,在下一个开关周期调整 S_1 和 S_4 的开通顺序,让开关管 S_1 的控制时序先于 S_4 的控制时序,使分压电容 C_{d1} 先于 C_{d2} 向负载供电,从而确保两个开关周期结束后,仍然有 $u_{Cd2} = u_{Cd1}$。

7.3.2　控制电路原理框图

　　根据混合交错互补式控制方案所设计的控制框图,如图 7.5 所示。控制电路

主要包括采样电路、误差放大电路、锯齿波发生电路、分频电路和基本逻辑门电路等。对输出电压采用电压瞬时值反馈控制,首先将输出电压 u_o 采样后与基准电压 u_r 经过误差放大器进行比较,所得到的误差电压及其反相信号再分别和高频锯齿载波 u_{RAMP1} 进行交截得到 PWM 信号,最后将 PWM 信号进行逻辑变换得到了各开关管的控制信号。

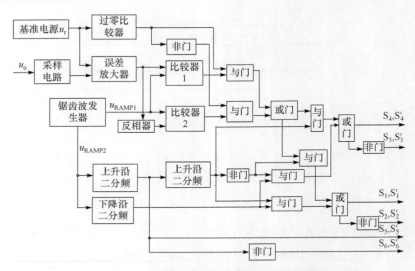

图 7.5　组合式 TL 交-交直接变换器的控制框图

7.4　仿　真　实　验

仿真实例:输入电压 $U_i = 220\text{V}(\pm 10\%, 50\text{Hz AC})$,输出电压 $U_o = 220\text{V}$ (50Hz AC),额定容量 $S = 500\text{VA}$,负载功率因数 $\cos\varphi_L = -0.75 \sim 0.75$,开关频率 $f_s = 100\text{kHz}$,储能电感 $L = 800\mu\text{H}$,分压电容 $C_{d1} = C_{d2} = 4.75\mu\text{F}$,输出滤波电容 $C_o = 10\mu\text{F}$。

主要的仿真实验波形如图 7.6 所示,包括输出电压、输出电流、分压电容电压、三电平电压及其展开、储能电感电流展开波形和开关管的控制波形。从仿真实验结果可以看出,输出波形的 THD 小,分压电容 C_{d1} 的电压始终为输入电源电压的一半,实现了对称的三电平波形。仿真结果证实了所提出的拓扑和混合交错互补控制方案的可行性和正确性。由于该变换器降低了输入级开关管的电压应力,使其可以应用于高压输入/中低压输出交流电能变换场合。

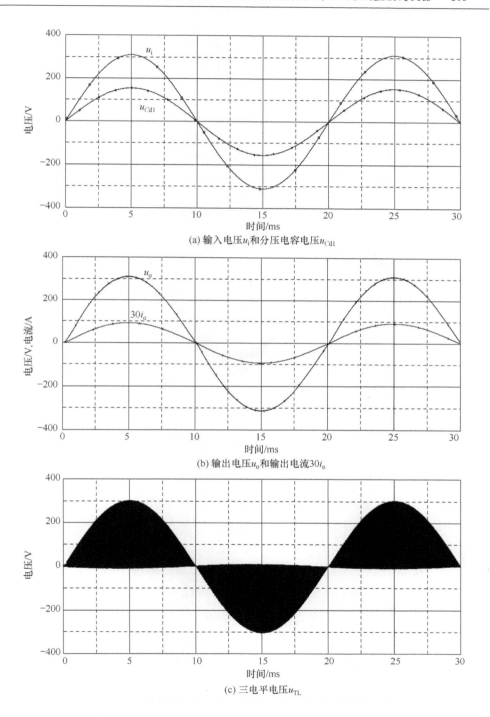

(a) 输入电压u_i和分压电容电压u_{Cd1}

(b) 输出电压u_o和输出电流$30i_o$

(c) 三电平电压u_{TL}

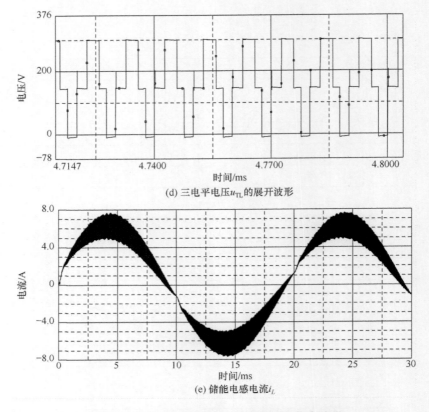

(d) 三电平电压u_{TL}的展开波形

(e) 储能电感电流i_L

图 7.6　组合式 TL 交-交直接变换器的仿真波形

本 章 小 结

　　以输入输出非共地的 Buck TL-Boost 型组合式 TL 交-交直接变换器为例,本章对这一类变换器的工作原理进行了分析,推导了输出电压和输入电压的关系式,对控制策略进行了分析,提出了混合交错互补式控制方案,解决了分压电容电压平衡的问题。仿真实验结果证实了该变换器的先进性和混合交错互补式控制方案的正确性。

第 8 章　输入输出共地的 Buck TL-Boost 型组合式 TL 交-交直接变换器

8.1　引　　言

第 7 章对输入输出非共地的 Buck TL-Boost 型组合式 TL 交-交直接变换器的工作原理进行了分析,推导了输出电压和输入电压的关系式,对分压电容的均压策略进行了分析,提出了混合交错互补式控制方案,并进行了仿真验证。

本章对输入输出共地的 Buck TL-Boost 型组合式 TL 交-交直接变换器的工作原理进行分析,推导输出输入电压之间的关系式,提出输出电压和浮动电容电压联合控制方案,在理论分析和参数设计的基础上研制样机,并给出实验结果和性能指标。

8.2　电路拓扑

输入输出共地的 Buck TL-Boost 型组合式 TL 交-交直接变换器如图 8.1 所示。其中,C_b 为浮动电容;L 为储能电感;C_o 为输出滤波电容。该电路拓扑可将不稳定的高压、劣质交流电变换成稳定或可调的同频、优质中低压正弦交流电。

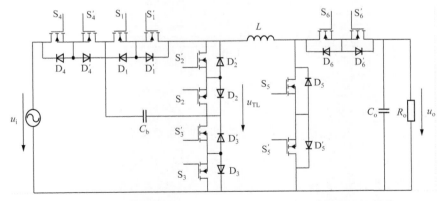

图 8.1　输入输出共地的 Buck TL-Boost 型组合式 TL 交-交直接变换器

8.3 工作原理

按照输入电压极性和储能电感电流极性划分,该变换器的工作模态可划分为
$A(u_i>0,i_L>0)$、$B(u_i>0,i_L<0)$、$C(u_i<0,i_L<0)$ 和 $D(u_i<0,i_L>0)$ 四种。各功
率开关管的控制时序和主要波形如图 8.2 所示。每种工作模态内都有四种开关模
态,这四种开关模态组成一个开关周期。以工作模态 A 为例,分析该变换器的工
作原理。

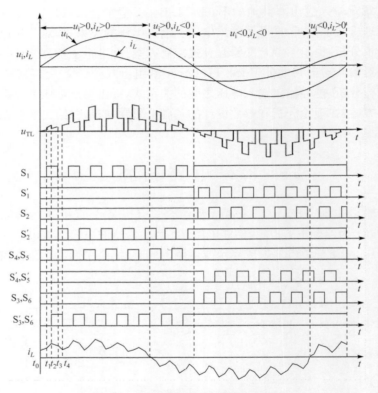

图 8.2 开关管控制时序和主要波形

在工作模态 $A(u_i>0,i_L>0)$ 中,开关管 S_1、S_2'、S_3'、S_4、S_5、S_6' 高频斩控,其余的
开关管保持常通。S_1 与 S_2'、S_4 与 S_3'、S_5 与 S_6' 为三组互补信号,为感性和容性负载
时实现无功能量的回馈做好了充分准备。输入电源 u_i 通过 S_4、D_4'、S_1、D_1'、S_2、D_2'、
S_3、D_3'、S_5、D_5'、S_6 和 D_6' 向交流负载传输能量,一个开关周期可以分为四个开关
模态。

（1）开关模态 1$[t_0, t_1]$：开关管 S_2、S_4、S_5 导通，输入电源 u_i 向浮动电容 C_b 和储能电感 L 中存储能量，负载由输出滤波电容 C_o 供电，如图 8.3（a）所示。储能电感 L 的两端电压 $u_L = u_i - u_{Cb}$，储能电感电流 i_L 线性增加，其增量 Δi_1 为

$$\Delta i_1 = \int_{t_0}^{t_1} \frac{u_i - u_{Cb}}{L} dt = \frac{u_i - u_{Cb}}{L}(t_1 - t_0) = \frac{u_i/2}{L}(t_1 - t_0) \tag{8.1}$$

（2）开关模态 2$[t_1, t_2]$：开关管 S_1 导通，S_2 截止，u_i 继续向储能电感 L 存储能量，浮动电容电压 u_{Cb} 保持不变，负载仍由电容 C_o 供电，如图 8.3（b）所示。储能电感 L 的两端电压 $u_L = u_i$，i_L 继续线性增加，其增量 Δi_2 为

$$\Delta i_2 = \int_{t_1}^{t_2} \frac{u_i}{L} dt = \frac{u_i}{L}(t_2 - t_1) \tag{8.2}$$

（3）开关模态 3$[t_2, t_3]$：开关管 S_4、S_5 截止，S_3、S_6 导通，浮动电容 C_b 和储能电感 L 共同向负载供电，如图 8.3（c）所示。L 的两端电压 $u_L = u_{Cb} - u_o$，i_L 开始线性下降，其下降量 Δi_3 为

$$\Delta i_3 = \int_{t_2}^{t_3} \frac{u_{Cb} - u_o}{L} dt = \frac{u_{Cb} - u_o}{L}(t_3 - t_2) = \frac{u_i/2 - u_o}{L}(t_3 - t_2) \tag{8.3}$$

（4）开关模态 4$[t_3, t_4]$：开关管 S_1 截止，S_2 导通，L 开始续流，如图 8.3（d）所示。L 的两端电压 $u_L = -u_o$，i_L 继续线性下降，其下降量 Δi_4 为

$$\Delta i_4 = \int_{t_3}^{t_4} \frac{-u_o}{L_f} dt = \frac{-u_o}{L}(t_4 - t_3) \tag{8.4}$$

t_4 时刻结束，变换器进入下一个开关周期，工作过程与前一个开关周期相同，不再赘述。

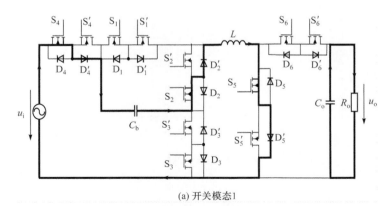

(a) 开关模态1

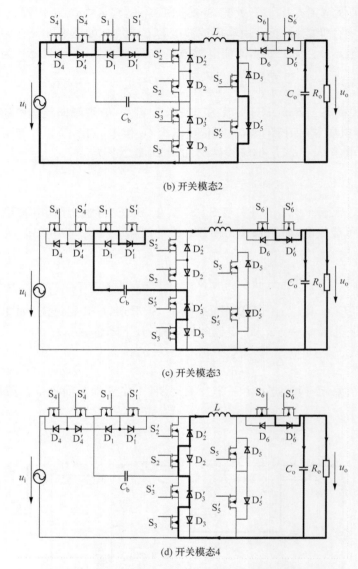

(b) 开关模态2

(c) 开关模态3

(d) 开关模态4

图 8.3　工作模态 A 时一个开关周期内的开关模态

8.4　输出和输入电压的基本关系

　　变换器稳态工作时,在一个开关周期内电感存储和释放的能量应相等,也就是说,储能电感电流的变化量应等于 0,则有

$$\Delta i_1 + \Delta i_2 + \Delta i_3 + \Delta i_4 = 0 \tag{8.5}$$

由式(8.1)~式(8.5),可得变换器的输入和输出电压的关系式为

$$\frac{u_o}{u_i} = \frac{(t_2 - t_0) + (t_3 - t_1)}{2[(t_4 - t_0) - (t_2 - t_0)]} = \frac{D + D'}{2(1 - D)} \tag{8.6}$$

式中,D 为输入电压正半周时开关管 S_4 和 S_5 的占空比(负半周 S_4' 和 S_5' 的占空比);D' 为 S_1 的占空比(负半周 S_1' 的占空比)。通过对 D 和 D' 控制可以实现输出电压的升与降,扩大了该变换器的应用范围。

8.5　控制方案

为了保证输入级开关管的电压应力为 $u_i/2$,变换器可实现 0、$u_i/2$ 和 u_i 三种电平,浮动电容 C_b 的两端电压必须控制为 $u_i/2$。由以上分析可知,当变换器工作于正(负)半周时,通过调节开关管 S_1 和 S_4(S_1' 和 S_4')的占空比可以实现浮动电容电压 u_{Cb} 的控制。此外,还得对输出电压进行控制,可以采用电压瞬时值控制,通过调节 S_1、S_4 和 S_5(S_1'、S_4' 和 S_5')的占空比来实现。因此,本章提出了输出电压和浮动电容电压联合控制策略,控制电路主要包括与电网电压同步的正弦基准电压电路、锯齿波发生电路、采样电路、误差放大电路、PWM 波产生电路和基本门电路等,如图 8.4 所示。

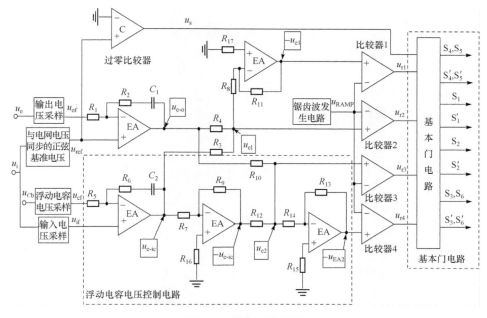

图 8.4　控制电路框图

由于要控制浮动电容电压值为 $u_i/2$,所以对浮动电容电压进行采样,然后将其采样信号 u_{cf} 与输入电源电压采样信号 u_{if} 进行比较并误差放大,产生浮动电容误差放大信号 $u_{e\text{-}ic}$;同时将输入电压采样信号 u_{of} 与电网电压同步的正弦基准电压 u_{ref} 进行比较并误差放大,得到输出电压误差放大信号 u_{eo},然后将 $u_{e\text{-}ic}$ 和 u_{eo} 进行线与得到误差修正信号 u_{e1},将 u_{e1} 取反得 $-u_{e1}$,将 u_{e1}、$-u_{e1}$ 与锯齿波 u_{RAMP} 进行比较,通过逻辑电路产生 S_3、S_3'、S_4、S_4'、S_5、S_5'、S_6 和 S_6' 的控制波形。将 $u_{e\text{-}ic}$ 取反得 $-u_{e\text{-}ic}$,把 $-u_{e\text{-}ic}$ 和 u_{eo} 线与得到误差修正信号 u_{e2},将 u_{e2} 取反得 $-u_{e2}$,然后将 u_{e2}、$-u_{e2}$ 也与锯齿波 u_{RAMP} 进行比较,通过逻辑电路产生 S_1、S_1'、S_2、S_2' 等控制波形。

当变换器工作在正(负)半周时,如果浮动电容 C_b 上的电压 u_{Cb} 低于 $u_i/2$,那么浮动电容误差放大信号 $u_{e\text{-}ic}$ 为正,u_{e1}($-u_{e1}$)的幅值就会升高,使开关管 S_4(S_4')的占空比增大,相当于增大了输入电源对浮动电容的充电时间;与此同时,$-u_{e\text{-}ic}$ 为负,u_{e2}($-u_{e2}$)的幅值就会降低,使开关管 S_1(S_1')的占空比减小,相当于减小了浮动电容对输出级电路的放电时间,通过对浮动电容 C_b 充电、放电时间的一加一减,使 C_b 上的电压 u_{Cb} 升高。

如果输出电压 u_o 低于设计的额定值,那么输出电压采样 u_{of} 就会低于与电网电压同步的正弦基准电压 u_{ref},因此输出电压误差放大信号 u_{eo} 为正,u_{e1} 和 u_{e2}($-u_{e1}$ 和 $-u_{e2}$)的幅值就会升高,使开关管 S_1、S_4 和 S_5(S_1'、S_4' 和 S_5')的占空比增大,由式(8.6)可知,输出电压 u_o 就会增大。

8.6　主要参数设计

样机主要参数:输入电压 $U_i=(220\pm22)\text{V}$(50Hz AC),输出电压 $U_o=220\text{V}$(50Hz AC),视在功率 $S_o=500\text{VA}$,输出电流 $I_o=S_o/U_o=2.27\text{A}$,输入电流 $I_i=2.1\sim2.4\text{A}$,开关周期 $T_s=10\mu\text{s}$。

8.6.1　电容参数设计

变换器稳态工作时,在一个开关周期内,电容参数设计原理波形如图 8.5 所示。为了便于设计,设 $\alpha=\dfrac{t_1-t_0}{T_s}$,$\beta=\dfrac{t_2-t_1}{T_s}$,$\gamma=\dfrac{t_3-t_2}{T_s}$。

1. 输出滤波电容

$[t_0,t_2]$ 期间,负载由输出滤波电容 C_o 供电,流出电容电流 $i_{Co-}=i_o$,电容电压线性下降,其下降量 Δu_{o-} 为

$$\Delta u_{o-}=\int_{t_0}^{t_2}\frac{i_o}{C_o}\mathrm{d}t=\frac{i_o}{C_o}(t_2-t_0)=\frac{i_o}{C_o}T_sD \tag{8.7}$$

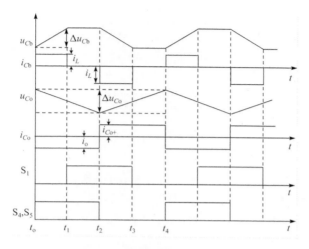

图 8.5　电容参数设计原理波形

$[t_2, t_4]$ 期间，储能电感向负载供电，同时给输出滤波电容 C_o 充电，流入电容电流 $i_{Co+} = i_L - i_o$，电容电压线性上升，其上升量 Δu_{o+} 为

$$\Delta u_{o+} = \int_{t_2}^{t_4} \frac{i_{Co+}}{C_o} \mathrm{d}t = \frac{i_{Co+}}{C_o}(t_4 - t_2) = \frac{i_{Co+}}{C_o} T_s (1 - D) \tag{8.8}$$

由于在一个开关周期内电容电压变化量为零，可得

$$i_{Co+} = \frac{D}{1-D} i_o \tag{8.9}$$

$$i_L = i_o + i_{Co+} = \frac{1}{1-D} i_o \tag{8.10}$$

取输出纹波电压 $\Delta u_o \leqslant 0.5\% u_o$，由式 (8.7) 可得

$$C_o \geqslant \frac{i_o T_s D}{0.005 u_o} \tag{8.11}$$

2. 浮动电容

由工作原理可知，在一个开关周期内，浮动电容电压变化的时间段为开关模态 1 和开关模态 3。

（1）开关模态 $1[t_0, t_1]$：输入电源 u_i 向浮动电容 C_b 充电，浮动电容电压线性增加，其增量 Δu_{Cb+} 为

$$\Delta u_{Cb+} = \int_{t_0}^{t_1} \frac{i_L}{C_b} \mathrm{d}t = \frac{i_o}{C_b(1-D)} T_s \alpha \tag{8.12}$$

（2）开关模态 $3[t_2, t_3]$：浮动电容 C_b 向负载供电，浮动电容电压线性下降，其下降量 Δu_{Cb-} 为

$$\Delta u_{\mathrm{Cb}-} = \int_{t_2}^{t_3} \frac{i_L}{C_{\mathrm{b}}}\mathrm{d}t = \frac{i_{\mathrm{o}}}{C_{\mathrm{b}}(1-D)}T_s\gamma \qquad (8.13)$$

根据一个开关周期内浮动电容电压变化量 $\Delta u_{\mathrm{Cb}}=0$，可得

$$\gamma = \alpha \qquad (8.14)$$

$$D' = \beta + \gamma = D \qquad (8.15)$$

由式(8.6)和式(8.12)可得

$$\frac{u_{\mathrm{o}}}{u_{\mathrm{i}}} = \frac{D}{1-D} \qquad (8.16)$$

由于 $(220-22)\mathrm{V}<U_{\mathrm{i}}<(220+22)\mathrm{V}$，$U_{\mathrm{o}}=220\mathrm{V}$，所以 D 的取值范围为：$0.476<D<0.526$，取 $\gamma=\alpha=0.25$，则 β 的范围为：$0.226<\beta<0.276$。取浮动电容纹波电压 $\Delta u_{\mathrm{Cb}}\leqslant 5\%u_{\mathrm{Cb}}$，根据 $u_{\mathrm{Cb}}=u_{\mathrm{i}}/2$ 和式(8.12)、式(8.16)得

$$C_{\mathrm{b}} \geqslant \frac{40i_{\mathrm{o}}T_s\alpha}{(1-D)^2 u_{\mathrm{o}}} \qquad (8.17)$$

由式(8.11)和式(8.17)，当 $D_{\max}=0.526$ 时，$C_{\mathrm{o}}\geqslant 10.9\mu\mathrm{F}$，$C_{\mathrm{b}}\geqslant 4.59\mu\mathrm{F}$；当 $D_{\min}=0.476$ 时，$C_{\mathrm{o}}\geqslant 9.82\mu\mathrm{F}$，$C_{\mathrm{b}}\geqslant 3.76\mu\mathrm{F}$。综合考虑，选取输出滤波电容 C_{o} 为 3 个 $4.7\mu\mathrm{F}/630\mathrm{V}$ 的 CBB 电容并联，浮动电容 C_{b} 为 $4.7\mu\mathrm{F}/630\mathrm{V}$ 的 CBB 电容。

8.6.2　储能电感参数设计

储能电感最大纹波电流为

$$\Delta i_{Lm} = \Delta i_1 + \Delta i_2 = \frac{T_s u_{\mathrm{o}}}{2L_f D}(2D-\alpha)(1-D) \qquad (8.18)$$

取储能电感纹波电流 $\Delta i_{Lm}\leqslant 20\%i_L$，根据式(8.10)和式(8.18)可得

$$L \geqslant \frac{T_s u_{\mathrm{o}}}{0.4i_{\mathrm{o}}D}(2D-\alpha)(1-D)^2 \qquad (8.19)$$

当 D 取最大值时，$L\geqslant 830\mu\mathrm{H}$；当 D 取最小值时，$L\geqslant 981\mu\mathrm{H}$，综合考虑选取储能电感 $L=1\mathrm{mH}$。

8.7　实 验 验 证

研制成功的样机主要参数：输入电压 $U_{\mathrm{i}}=(220\pm22)\mathrm{V}(50\mathrm{Hz\ AC})$，输出电压 $U_{\mathrm{o}}=220\mathrm{V}(50\mathrm{Hz\ AC})$，容量 $S=500\mathrm{VA}$，负载功率因数 $\cos\varphi_L=-0.75\sim0.75$，输出电流 $I_{\mathrm{o}}=2.27\mathrm{A}$，开关周期 $T_s=10\mu\mathrm{s}$，储能电感 $L=1\mathrm{mH}$，浮动电容 $C_{\mathrm{b}}=4.7\mu\mathrm{F}$，输出滤波电容 $C_{\mathrm{o}}=14.1\mu\mathrm{F}$，输入滤波电感 $L_{\mathrm{i}}=300\mu\mathrm{H}$，输入滤波电容 $C_{\mathrm{i}}=4.7\mu\mathrm{F}$，尺寸为 $178\mathrm{mm}\times171\mathrm{mm}\times130\mathrm{mm}$，质量为 $2.5\mathrm{kg}$。

8.7.1　实验波形

样机的主要实验波形如图 8.6 所示。图 8.6(a)为输入电压 u_i 和浮动电容电压 u_{Cb} 波形，u_{Cb} 刚好等于 $u_i/2$。图 8.6(b)和(c)为三电平电压及其展开波形，可以看出三电平电压左右幅值对称。这均证明了所提出的输出电压和浮动电容电压联合控制策略的正确性。图 8.6(d)为开关管 S_1 的电压应力，表明 S_1 承受

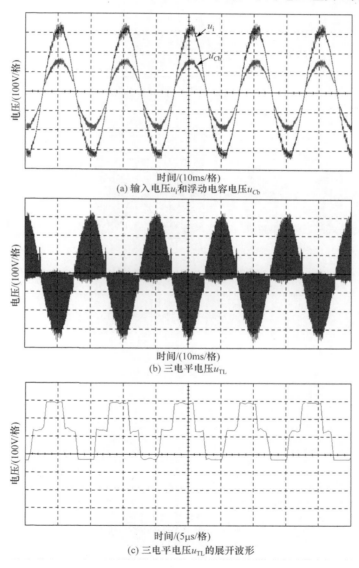

时间/(10ms/格)
(a) 输入电压 u_i 和浮动电容电压 u_{Cb}

时间/(10ms/格)
(b) 三电平电压 u_{TL}

时间/(5μs/格)
(c) 三电平电压 u_{TL} 的展开波形

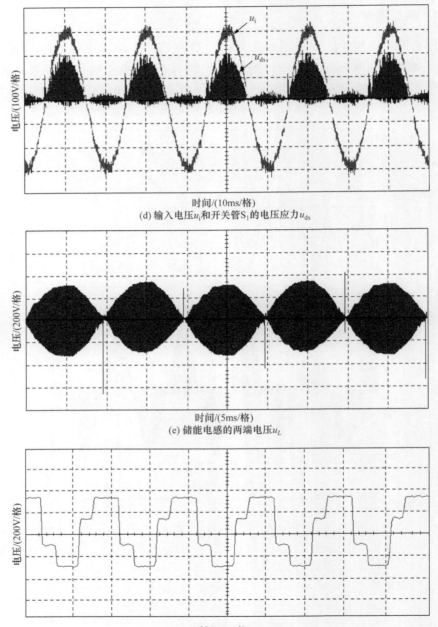

(d) 输入电压u_i和开关管S_1的电压应力u_{ds}

(e) 储能电感的两端电压u_L

(f) 储能电感两端电压u_L的展开波形

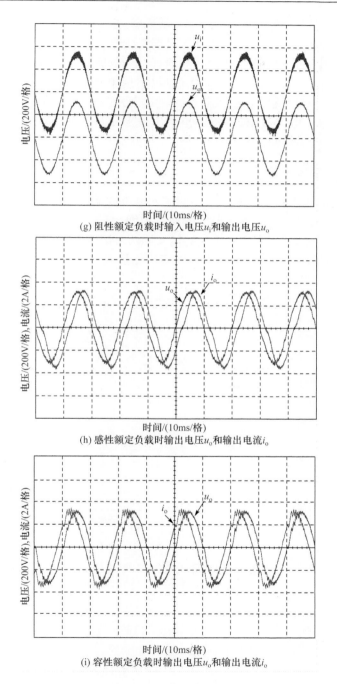

(g) 阻性额定负载时输入电压u_i和输出电压u_o

(h) 感性额定负载时输出电压u_o和输出电流i_o

(i) 容性额定负载时输出电压u_o和输出电流i_o

图 8.6　主要实验波形

的电压应力等于输入电源电压的一半,从而该变换器适用于高输入电压场合。
图 8.6(e)和(f)为储能电感的两端电压及其展开波形,可以看出一个开关周期内有四
个开关模态。图 8.6(g)为阻性额定负载时($U_i=242\text{V}$、$U_o=220\text{V}$)的输入和输出电
压波形,可见输出电压 THD 小于输入电压,实现了对输入电压波形质量的改善。
图 8.6(h)和(i)分别为感性额定负载($\cos\varphi_L=0.75$)和容性额定负载($\cos\varphi_L=-0.75$)
时输出电压和输出电流波形,可以看出输出波形质量较好,变换器负载适应能力
强,能够实现能量的双向流动。

8.7.2　输入侧功率因数

　　该变换器的输入侧功率因数在不同输入电压时随输出负载功率变化的曲线如
图 8.7 所示。可以看出,随着输出负载功率的增大,输入侧功率因数不断提高,在
额定输出功率附近,不同输入电压时的输入侧功率因数都超过了 0.9,表明该变换
器相对于传统的交-直-交型变换器,可以实现能量的双向流动,具有较高的输入侧
功率因数。

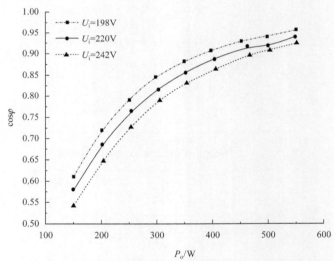

图 8.7　不同输入电压时输入侧功率因数随输出功率变化曲线

8.7.3　总谐波失真度

　　该变换器在不同输入电压时的输出电压和输入电压的 THD 随输出功率变化
的曲线如图 8.8 所示。由图可以看出,输出电压的 THD_o 较小,不同输入电压时
无论是轻载、额定负载,还是过载情况下,输出电压的 THD_o 都小于输入电压的
THD_i,变换器实现了对输入电压波形质量的改善。

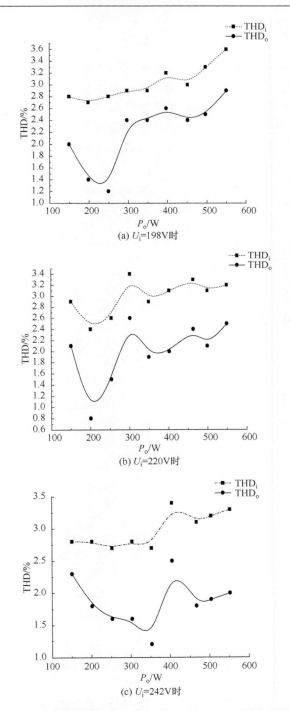

图 8.8　不同输入电压时输出电压和输入电压的 THD 随输出功率变化曲线

8.7.4　变换效率

样机在不同输入电压时阻性负载情况下的效率测试数据如表 8.1 所示,绘制的效率测试曲线如图 8.9 所示。从表 8.1 和图 8.9 可以看出,不同输入电压时样机在输出功率的整个范围内,变换效率始终超过 82.8%,具有较高的变换效率。相同输出功率时,输入电压高时效率更高,这是因为减小了输入电流,从而降低了线路损耗。最高效率点不在额定输出功率附近,说明变换器的参数还需要进一步优化设计。

表 8.1　效率测试数据

测试次数	$U_i=198V$			$U_i=220V$			$U_i=242V$		
	P_i/W	P_o/W	$\eta/\%$	P_i/W	P_o/W	$\eta/\%$	P_i/W	P_o/W	$\eta/\%$
1	178.5	149.9	84.0	179.4	151.0	84.2	180.0	151.4	84.1
2	234.5	199.1	84.9	236.0	201.2	85.3	236.7	202	85.4
3	294.1	250.1	85.0	297.3	254.3	85.5	295.1	253	85.7
4	352.4	297.4	84.4	353.3	301.9	85.5	354.3	303.9	85.8
5	413.8	349.7	84.5	410.8	350.4	85.3	412.8	353.5	85.6
6	472.2	397.7	84.2	474.3	402.6	84.9	475.5	405.3	85.2
7	541.5	452.1	83.5	549.4	463.8	84.4	552.6	467.7	84.6
8	598.0	497.5	83.2	595.4	500.3	84.0	598.6	504.5	84.2
9	665.7	550.9	82.8	660.7	549.9	83.2	663.39	552.6	83.3

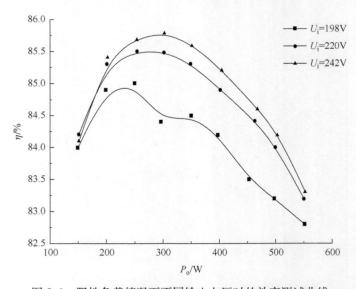

图 8.9　阻性负载情况下不同输入电压时的效率测试曲线

本 章 小 结

　　以输入输出共地的 Buck TL-Boost 型组合式 TL 交-交直接变换器为例,本章对这一类变换器的稳态工作原理进行了分析,推导了输出和输入电压之间的关系式;提出了输出电压和浮动电容电压联合控制方案,解决了浮动电容的均压控制问题,并对变换器的主要参数进行了设计;在理论分析和参数设计的基础上,研制了样机。样机的实验结果和性能指标表明,该变换器具有网侧功率因数较高、双向功率流、开关管电压应力可降低、输出电压 THD 低、变换效率较高、适用于高压交-交变换等优点。

第 9 章　Buck 型高频隔离式 TL 交-交直接变换器

9.1　引　　言

第 2~8 章系统地对所提出的 TL 交-交直接变换器的电路拓扑、控制策略、稳态工作原理、参数设计等进行了分析,并在理论分析和设计的基础上进行了仿真和实验研究。这些新颖的 TL 交-交直接变换器具有单级功率变换、双向功率流、功率开关的电压应力可降低、输出电压波形质量高、适用于高压交流变换等优点,但输出与输入之间无电气隔离。

本章提出有源箝位的基本构成单元的新思想,并提出一类基于该新思想的 Buck 型高频隔离式 TL 交-交直接变换器的电路结构与拓扑族,其拓扑族包括单端正激型、推挽全波型、推挽全桥型、半桥全波型、半桥全桥型、全桥全波型和全桥全桥型拓扑。

9.2　电路结构与拓扑族

9.2.1　电路结构

本章提出了有源箝位的基本构成单元,如图 9.1(a)所示。该基本构成单元由一个四象限箝位功率开关 S_c 和两个四象限功率开关组成。基于该基本构成单元的 Buck 型高频隔离式 TL 交-交直接变换器的电路结构,如图 9.1(b)所示。该电路结构由输入高压交流电源、输入滤波器、TL 变换器、高频变压器、周波变换器、输出滤波器,以及输出交流负载构成,能够将一种不稳定、畸变的高压交流电变换成同频率、稳定或可调的高质量正弦交流电,具有高频电气隔离、电路拓扑较简洁、两级功率变换(LFAC-HFAC-LFAC)、双向功率流、输出滤波器前端为三电平电压波、负载适应能力强、适用于高压输入/中低压输出的交-交电能变换场合等特点[47]。

当输入高压交流电源向交流负载传递功率时,TL 变换器将低频交流电压调制成三电平、双极性的高频电压波,经过高频变压器的隔离、传输,再由周波变换器将其解调为三电平、单极性的低频电压波,通过输出滤波器后,在交流负载端得到稳定或可调的高质量低频交流电压;反之,当交流负载向高压交流电源回馈能量时,周波变换器工作在调制状态,TL 变换器工作在解调状态。

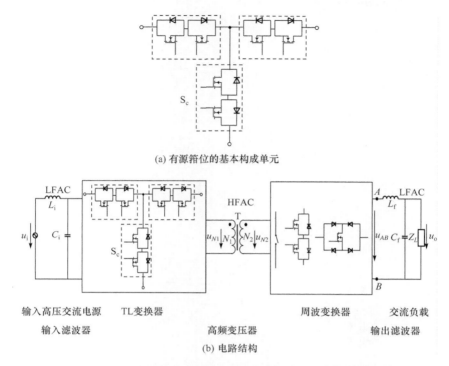

(a) 有源箝位的基本构成单元

输入高压交流电源　　TL变换器　　　　　　　　　　周波变换器　　　　交流负载

输入滤波器　　　　　　　　　　　高频变压器　　　　输出滤波器

(b) 电路结构

图 9.1　Buck 型高频隔离式 TL 交-交直接变换器的基本构成单元和电路结构

9.2.2　电路拓扑族

　　Buck 型高频隔离式 TL 交-交直接变换器的电路拓扑族如图 9.2 所示,包括单端正激型、推挽全波型、推挽全桥型、半桥全波型、半桥全桥型、全桥全波型和全桥全桥型拓扑。该拓扑族均适用于高输入/中低输出电压的交-交变换场合。相对于单端正激型、推挽型和半桥型拓扑,全桥型拓扑适用于更高输入电压和更大功率的场合;相对于半波和全波型拓扑,全桥型拓扑适用于较高的输出电压场合。

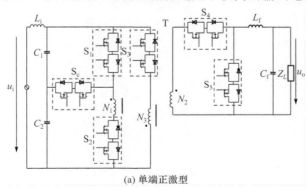

(a) 单端正激型

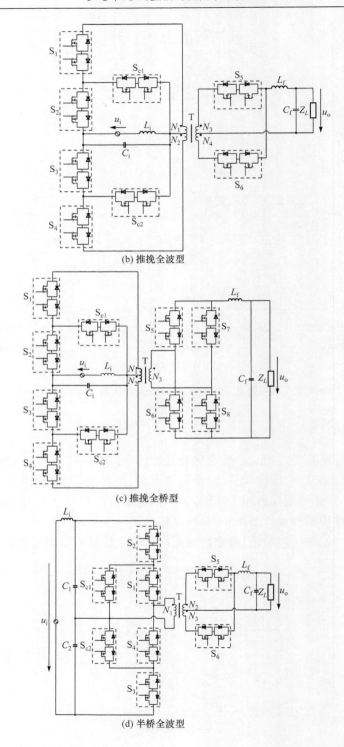

(b) 推挽全波型

(c) 推挽全桥型

(d) 半桥全波型

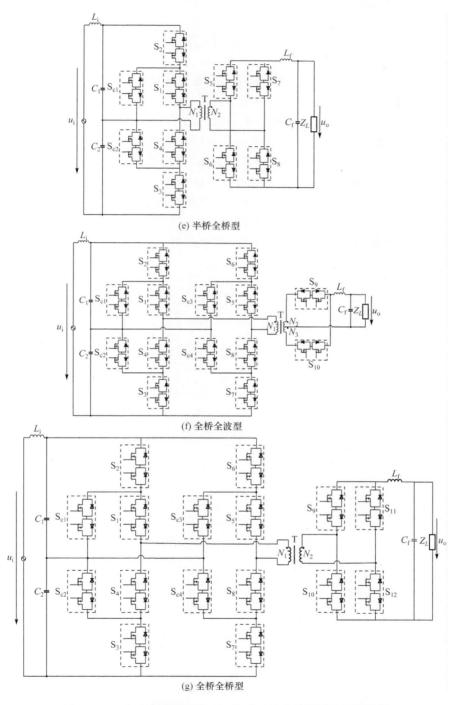

(e) 半桥全桥型

(f) 全桥全波型

(g) 全桥全桥型

图 9.2　Buck 型高频隔离式 TL 交-交直接变换器的电路拓扑族

本 章 小 结

本章提出了有源箝位的基本构成单元的新思想,该基本构成单元由两个四象限功率开关和一个有源箝位四象限功率开关构成。基于该新思想,提出了一类 Buck 型高频隔离式 TL 交-交直接变换器的电路结构与拓扑族。其电路结构由输入高压交流电源、输入滤波器、TL 变换器、高频变压器、周波变换器、输出滤波器以及输出交流负载构成,能够将一种不稳定、畸变的高压交流电变换成同频率、稳定或可调的高质量正弦交流电。其拓扑族包括单端正激型、推挽全波型、推挽全桥型、半桥全波型、半桥全桥型、全桥全波型和全桥全桥型拓扑。该类变换器具有高频电气隔离、两级功率变换(LFAC-HFAC-LFAC)、双向功率流、功率开关的电压应力可降低、输出滤波器前端为三电平低频电压波、输出电压波形质量高、负载适应能力强、适用于高压输入交-交变换等优点。

第 10 章　单端正激型高频隔离式 TL 交-交直接变换器

10.1　引　　言

第 9 章提出了有源箝位的基本构成单元的新思想,并提出了基于该新思想的一类 Buck 型高频隔离式 TL 交-交直接变换器的电路结构与拓扑族,其拓扑族包括单端正激型、推挽全波型、推挽全桥型、半桥全波型、半桥全桥型、全桥全波型和全桥全桥型拓扑。

本章重点对单端正激型高频隔离式 TL 交-交直接变换器进行研究,分析变换器的控制原理、稳态工作原理和外特性、磁复位需满足的条件和输出滤波器前端电压的谐波特性,并进行原理实验。

10.2　电 路 拓 扑

单端正激型高频隔离式 TL 交-交直接变换器的电路拓扑如图 10.1 所示[48,49]。高频变压器 T 的原边侧为 TL 变换单元,采用单端正激型结构,其中 S_{3a}、S_{3b}、D_{3a} 和 D_{3b} 构成了四象限箝位功率开关。高频变压器 T 的副边侧采用了半波型结构。

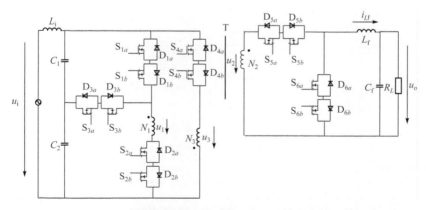

图 10.1　单端正激型高频隔离式 TL 交-交直接变换器的电路拓扑

10.3　控　制　原　理

　　该变换器可以采用电压瞬时值反馈控制方案,感性负载时控制原理波形如图 10.2 所示。

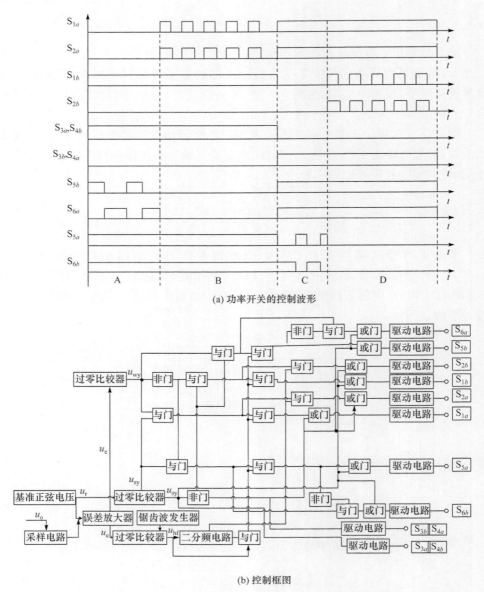

(a) 功率开关的控制波形

(b) 控制框图

图 10.2　控制原理

按照输出电压 u_o 和输出滤波电感电流的基波分量 i_{Lf1} 的极性划分,该变换器有四种工作模式 A、B、C、D。阻性负载时,变换器工作模式顺序为 A—C;感性负载时为 A—B—C—D;容性负载时为 D—C—B—A。各个功率开关的控制波形如图 10.2(a)所示。

控制框图如图 10.2(b)所示。具体实现如下:将变换器输出的正弦交流电压 u_o 的采样信号与正弦基准信号 u_r(与输入电压同步)相比较,经 PI 调节器后得到误差放大信号为 u_e,该误差放大信号与双极性锯齿波 u_T 比较后得到了 SPWM 信号 u_{hf},引入输入电压极性信号 u_{sy} 和误差放大电压极性信号 u_{wy} 后,通过一系列逻辑变换得到了各个功率开关的驱动信号,u_{sy} 及其反向信号还用来作为部分辅助功率开关管的驱动信号。通过调节 SPWM 信号的占空比,即可实现变换器输出电压的稳定与调节。

10.4 稳 态 分 析

10.4.1 工作模式

该变换器有 A、B、C、D 四种工作模式。以工作模式 A 为例,进行分析。

当 $u_o > 0$、$i_{Lf} > 0$ 时,变换器工作于模式 A,在一个开关周期内有三个开关模态,如图 10.3 所示。在模式 A 中,S_{1a}、S_{2a} 高频斩波,S_{1b}、S_{2b}、S_{3a}、S_{4b}、S_{5a}、S_{6b} 常通,S_{3b}、S_{4a}、S_{5b}、S_{6a} 常断。当 S_{1a}、S_{2a} 均导通时,原边绕组电压 $u_1 = u_i$,副边绕组电压 $u_2 = u_i N_2/N_1 = u_i/n_1$,复磁绕组 N_3 的两端电压 $u_3 = -u_i N_3/N_1 = -u_i/n_2$,如图 10.3(a)所示。$S_{1a}$ 截止,S_{2a} 继续导通时,原边电压 $u_1 = u_i/2$,副边电压 $u_2 = u_i N_2/(2N_1) = u_i/(2n_1)$,复磁绕组两端电压 $u_3 = -u_i N_3/(2N_1) = -u_i/(2n_2)$,此时输出滤波电感电流 i_{Lf} 经 S_{5a}、D_{5b} 流通,输入电源给负载供电,如图 10.3(b)所示。

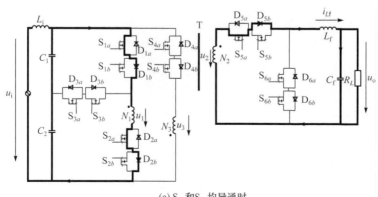

(a) S_{1a}和S_{2a}均导通时

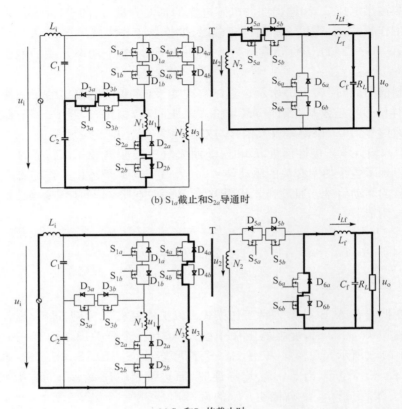

(b) S$_{1a}$截止和S$_{2a}$导通时

(c) S$_{1a}$和S$_{2a}$均截止时

图 10.3　工作模式 A 时一个开关周期内的开关模态

当 S$_{1a}$、S$_{2a}$ 均截止时,复磁绕组 N_3 的两端电压反向,励磁电流经复磁绕组 N_3、S$_{4b}$、D$_{4a}$ 流回输入端,变压器磁复位。输出滤波电感电流 i_{Lf} 经负载 R_L、S$_{6b}$、D$_{6a}$ 续流,此时 $u_3=u_i$,$u_1=-u_iN_1/N_3=-u_in_2$,$u_2=u_1N_2/N_1=-u_in_2/n_1$,如图 10.3(c)所示。在此模式下,功率开关 S$_{2a}$ 的电压应力为 $u_i/2+u_iN_1/N_3=u_i(1/2+n_2)$,原边绕组 N_1 依次出现 u_i、$u_i/2$、$-u_in_2$ 三个电平,副边绕组 N_2 依次出现 u_i/n_1、$u_i/(2n_1)$、$-u_in_2/n_1$ 三个电平。

10.4.2　稳态原理

变换器工作于模式 A,稳态工作且 CCM 时,一个开关周期内各个开关模态的等效电路如图 10.4 所示。其中,r 为包括变压器绕组等效电阻、功率开关通态电阻、滤波电感寄生电阻等在内的等效电阻。

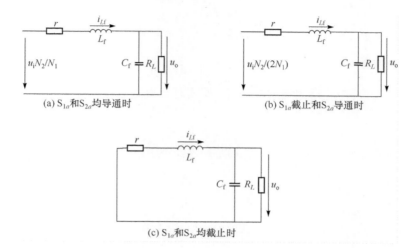

(a) S_{1a} 和 S_{2a} 均导通时　　　(b) S_{1a} 截止和 S_{2a} 导通时

(c) S_{1a} 和 S_{2a} 均截止时

图 10.4　一个开关周期内三种等效电路

由于开关频率 f_s 远大于输出 LC 滤波器的截止频率和输出正弦交流电压的频率,在一个开关周期 T_s 内输出电压 u_o 可看成恒定量,可用状态空间平均法建立输出电压和输入电压之间的关系式[50]:

$$L_f \frac{\mathrm{d}i_{Lf}}{\mathrm{d}t} = -ri_{Lf} + u_i \frac{N_2}{N_1} - u_o \tag{10.1}$$

$$C_f \frac{\mathrm{d}u_o}{\mathrm{d}t} = i_{Lf} - \frac{u_o}{R_L} \tag{10.2}$$

$$L_f \frac{\mathrm{d}i_{Lf}}{\mathrm{d}t} = -ri_{Lf} + \frac{u_i}{2} \frac{N_2}{N_1} - u_o \tag{10.3}$$

$$C_f \frac{\mathrm{d}u_o}{\mathrm{d}t} = i_{Lf} - \frac{u_o}{R_L} \tag{10.4}$$

$$L_f \frac{\mathrm{d}i_{Lf}}{\mathrm{d}t} = -ri_{Lf} - u_o \tag{10.5}$$

$$C_f \frac{\mathrm{d}u_o}{\mathrm{d}t} = i_{Lf} - \frac{u_o}{R_L} \tag{10.6}$$

将式(10.1)乘以 D_1,加上式(10.3)乘以 (D_2-D_1),再加上式(10.5)乘以 $(1-D_2)$,同样将式(10.2)乘以 D_1,加上式(10.4)乘以 (D_2-D_1),再加上式(10.6)乘以 $(1-D_2)$,并令 $\frac{\mathrm{d}i_{Lf}}{\mathrm{d}t}=0$,$\frac{\mathrm{d}u_o}{\mathrm{d}t}=0$,可得状态变量的稳态值为

$$U_o = U_i \frac{N_2}{N_1} \frac{D_1+D_2}{2} \frac{R_L}{r+R_L} \tag{10.7}$$

$$I_{Lf} = U_i \frac{N_2}{N_1} \frac{D_1 + D_2}{2} \frac{1}{r + R_L} \tag{10.8}$$

10.4.3　外特性

由式(10.7)可知，理想情形且 CCM 模式时变换器的外特性为

$$U_o = U_i \frac{N_2}{N_1} \frac{D_1 + D_2}{2} = \frac{U_i}{n_1} \frac{D_1 + D_2}{2} \tag{10.9}$$

输出滤波电感电流临界 CCM 和 DCM 模式时的原理波形如图 10.5 所示。

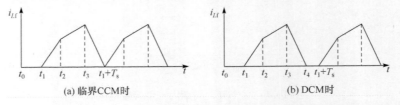

(a) 临界CCM时　　　　　　　　(b) DCM时

图 10.5　输出滤波电感电流临界 CCM 和 DCM 时的原理波形

在 $t = t_1 \sim t_2$ 时，有

$$u_i \frac{N_2}{N_1} - u_o = L_f \frac{i_{Lf}(t_2)}{D_1 T_s} \tag{10.10}$$

在 $t = t_2 \sim t_3$ 时，有

$$\frac{u_i}{2} \frac{N_2}{N_1} - u_o = L_f \frac{i_{Lf}(t_3) - i_{Lf}(t_2)}{(D_2 - D_1) T_s} \tag{10.11}$$

在 $t = t_3 \sim t_1 + T_s$ 时，有

$$u_o = L_f \frac{i_{Lf}(t_3)}{(1 - D_2) T_s} \tag{10.12}$$

令电感电流临界连续时的负载电流为 I_G，由

$$\frac{1}{2} i_{Lf}(t_2) \cdot (t_2 - t_1) + \frac{1}{2} i_{Lf}(t_3) \cdot (t_1 + T_s - t_3) + \frac{[i_{Lf}(t_2) + i_{Lf}(t_3)] \cdot (t_3 - t_2)}{2} = I_G \cdot T_s$$

可得

$$I_G = \frac{1}{2} i_{Lf}(t_2) \cdot D_2 + \frac{1}{2} i_{Lf}(t_3) \cdot (1 - D_1) \tag{10.13}$$

由式(10.10)、式(10.12)和式(10.13)可得

$$I_G = \frac{1}{2} \frac{U_i}{n_1} \frac{T_s}{L_f} \left[D_1 D_2 + \frac{D_1 + D_2}{2} - \frac{D_1 + D_2}{2}(D_1 + D_2) \right] \tag{10.14}$$

令 $D_2 = 0.5$，可得

$$I_G = \frac{1}{2} \frac{U_i}{n_1} \frac{T_s}{L_f} \left(-\frac{1}{2} D_1^2 + \frac{1}{2} D_1 + \frac{1}{8} \right) \tag{10.15}$$

当 $D_1 = 0.5$ 时，I_G 取最大值为

$$I_{Gmax} = \frac{1}{8} \frac{U_i}{n_1} \frac{T_s}{L_f} \qquad (10.16)$$

故理想情形且滤波电感电流临界连续时变换器的外特性为

$$I_G = 4I_{Gmax} \left(-\frac{1}{2} D_1^2 + \frac{1}{2} D_1 + \frac{1}{8} \right) \qquad (10.17)$$

当 $t_4 < t_1 + T_s$，$t = t_1 \sim t_2$ 时有

$$u_i \frac{N_2}{N_1} - u_o = L_f \frac{i_{Lf}(t_2)}{t_2 - t_1} \qquad (10.18)$$

$t = t_2 \sim t_3$ 时有

$$\frac{u_i}{2} \frac{N_2}{N_1} u_o = L_f \frac{i_{Lf}(t_3) - i_{Lf}(t_2)}{(D_2 - D_1) T_s} \qquad (10.19)$$

$t = t_3 \sim t_4$ 时有

$$u_o = L_f \frac{i_{Lf}(t_3)}{t_4 - t_3} \qquad (10.20)$$

令 $D_2 = 0.5$，由式(10.18)、式(10.19)和式(10.20)可得

$$t_4 - t_3 = \frac{U_i/2 - n_1 U_o + U_i D_1}{2n_1} \frac{T_s}{U_o} \qquad (10.21)$$

输出负载电流 I_o 为

$$\frac{1}{2} i_{Lf}(t_2) \cdot (t_2 - t_1) + \frac{1}{2} i_{Lf}(t_3) \cdot (t_4 - t_3) + \frac{[i_{Lf}(t_2) + i_{Lf}(t_3)] \cdot (t_3 - t_2)}{2} = I_o \cdot T_s$$

$$(10.22)$$

由式(10.16)、式(10.18)、式(10.20)、式(10.21)和式(10.22)得

$$I_o = \frac{T_s U_i^2 (2D_1 + 1)^2}{32 n_1^2 L_f U_o} - \frac{T_s U_i (4D_1^2 + 1)}{16 L_f n_1} = I_{Gmax} \left[\frac{U_i (2D_1 + 1)^2}{4 n_1 U_o} - \frac{(4D_1^2 + 1)}{2} \right]$$

$$(10.23)$$

因此，理想情形且 DCM 时变换器的外特性为

$$\frac{U_o}{U_i/n_1} = \frac{(2D_1 + 1)^2}{4 I_o/I_{Gmax} + 2(4D_1^2 + 1)} \qquad (10.24)$$

　　该变换器的标幺外特性曲线如图 10.6 所示。曲线 A 为输出滤波电感电流临界连续时的外特性曲线，由式(10.17)决定；曲线 A 右边为 CCM 时的外特性曲线，实线为理想情形时曲线，由式(10.9)决定，可见当变换器工作于理想 CCM 模式时，输出电压与输出电流大小无关，有类电压源特性；虚线为实际情形时曲线，由式(10.7)决定，可见随负载电流增加，输出电压下降；曲线 A 左边为 DCM 时的外特性曲线，由式(10.24)决定，可见当变换器工作于 DCM 时，变换器存在很高的非线性内阻，有类电流源特性。

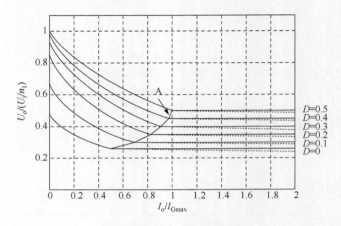

图 10.6　标幺外特性

10.5　磁复位需满足的条件

工作模式 A 中,功率开关 S_{1a}、S_{2a} 的原理波形如图 10.7 所示。

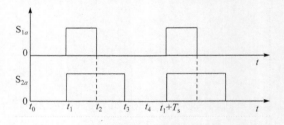

图 10.7　S_{1a} 和 S_{2a} 的原理波形

$[t_1, t_2]$ 期间,S_{1a} 和 S_{2a} 同时导通,$N_1 \dfrac{\mathrm{d}\phi_1}{\mathrm{d}t} = u_i$,可得

$$\Delta\phi_1 = \frac{u_i}{N_1}(t_2 - t_1) \tag{10.25}$$

$[t_2, t_3]$ 期间,S_{1a} 截止,S_{2a} 继续导通,$N_1 \dfrac{\mathrm{d}\phi_2}{\mathrm{d}t} = \dfrac{u_i}{2}$,可得

$$\Delta\phi_2 = \frac{u_i}{2N_1}(t_3 - t_2) \tag{10.26}$$

$[t_3, t_4]$ 期间,S_{1a} 和 S_{2a} 同时截止,复位绕组开始工作,$N_3 \dfrac{\mathrm{d}\phi_3}{\mathrm{d}t} = u_i$,则有

$$\Delta\phi_3=\frac{u_i}{N_3}(t_4-t_3)$$　　　　　　(10.27)

由 $\Delta\phi_1+\Delta\phi_2=\Delta\phi_3$，可得

$$t_4-t_3=\frac{N_3}{N_1}\frac{D_1+D_2}{2}T_s$$　　　　　　(10.28)

当复磁绕组所需复磁时间 $t_4-t_3=\dfrac{N_3}{N_1}\dfrac{D_1+D_2}{2}T_s<t_1+T_s-t_3$ 时，磁芯才能在

功率管下一个开关周期之前复磁结束，可得 $\dfrac{N_3}{N_1}\dfrac{D_1+D_2}{2}T_s<(1-D_2)T_s$。令 $D_2=$

0.5，可得

$$D_1<\frac{N_1}{N_3}-0.5$$　　　　　　(10.29)

当 $D_1<\dfrac{N_1}{N_3}-0.5$、$D_2=0.5$ 时，复磁绕组在一个开关周期内可以完成磁复位。

若复磁绕组恰好在 t_1+T_s 处复磁结束，即 $\dfrac{N_3}{N_1}\dfrac{D_1+D_2}{2}T_s=(1-D_2)T_s$。令

$D_2=0.5$ 得

$$D_1=\frac{N_1}{N_3}-0.5$$　　　　　　(10.30)

当 $D_1=\dfrac{N_1}{N_3}-0.5$、$D_2=0.5$ 时，复磁绕组恰好在一个开关周期结束时刻完成磁

复位。

在工作模式 B 中，D_1 须满足

$$D_1<\frac{N_1}{N_1+N_3}$$　　　　　　(10.31)

工作模式 C 和 D 时复磁绕组的磁复位过程分别与模式 A 和 B 类似，不再赘述。综合模式 A、B、C、D，对变换器磁复位所须满足的时间条件做以下讨论。由式(10.29)、式(10.31)得

$$\frac{N_1}{N_1+N_3}-\left(\frac{N_1}{N_3}-0.5\right)=\frac{(N_3-N_1)(N_3+2N_1)}{2N_3(N_1+N_3)}$$　　　　　　(10.32)

当 $N_3>N_1$ 时有

$$\frac{N_1}{N_1+N_3}>\frac{N_1}{N_3}-0.5$$　　　　　　(10.33)

此时，磁复位要满足的条件为 $D_1\leqslant\dfrac{N_1}{N_3}-0.5$，$D_2=0.5$。

当 $N_3<N_1$ 时有

$$\frac{N_1}{N_1+N_3}<\frac{N_1}{N_3}-0.5 \tag{10.34}$$

此时,磁复位要满足的条件为 $D_1\leqslant\dfrac{N_1}{N_1+N_3}$, $D_2=0.5$。

当 $N_3=N_1$ 时有

$$\frac{N_1}{N_1+N_3}=\frac{N_1}{N_3}-0.5=0.5 \tag{10.35}$$

此时,磁复位要满足的条件为 $D_1\leqslant0.5$, $D_2=0.5$。

10.6　输出滤波器前端电压谐波分析

图 10.8 为输出滤波器前端电压 u_{Lf} 和开关函数 G 波形示意图。随着功率开关 S_{1a}、S_{2a}(S_{1b}、S_{2b}) 按照一定规律高频斩控,可以在输出滤波器前端获得三个电平。对应于 S_{1a}、S_{2a}(S_{1b}、S_{2b}) 的开关状态,输出滤波器前端电压 u_{Lf} 可表示为

$$u_{Lf}=\begin{cases} \dfrac{N_2}{N_1}\sqrt{2}U_i\sin(\omega t), & S_{1a}^0 S_{2a}^0(S_{1b}^0 S_{2b}^0) & (0<t<kD_1 T) \\[2mm] \dfrac{1}{2}\dfrac{N_2}{N_1}\sqrt{2}U_i\sin(\omega t), & S_{1a}^1 S_{2a}^0(S_{1b}^1 S_{2b}^0) & (kD_1 T<t<kD_2 T) \\[2mm] 0, & S_{1a}^1 S_{2a}^1(S_{1b}^1 S_{2b}^1) & (kD_2 T<t<kT) \end{cases} \tag{10.36}$$

式中,k 为自然数;上标 0 代表功率管导通,1 代表功率管截止。因此,式(10.36)可写成

$$u_{Lf}=G\frac{N_2}{N_1}\sqrt{2}U_i\sin(\omega t) \tag{10.37}$$

式中,G 为开关函数,并定义为

$$G=\begin{cases} 1, & S_{1a}^0 S_{2a}^0(S_{1b}^0 S_{2b}^0) & (0<t<kD_1 T) \\[2mm] \dfrac{1}{2}, & S_{1a}^1 S_{2a}^0(S_{1b}^1 S_{2b}^0) & (kD_1 T<t<kD_2 T) \\[2mm] 0, & S_{1a}^1 S_{2a}^1(S_{1b}^1 S_{2b}^1) & (kD_2 T<t<kT) \end{cases} \tag{10.38}$$

G 的波形用傅里叶级数展开可得

$$G=\frac{a_0}{2}+\sum_{n=1}^{\infty}\left[a_n\cos(n\omega t)+b_n\sin(n\omega t)\right]$$

$$a_0=\frac{2}{T}\int_0^{D_1 T}\mathrm{d}t+\frac{2}{T}\int_{D_1 T}^{D_2 T}\frac{1}{2}\mathrm{d}t=D_1+D_2$$

$$a_n=\frac{2}{T}\left[\int_0^{D_1 T}\cos(n\omega t)\,\mathrm{d}t+\int_{D_1 T}^{D_2 T}\frac{1}{2}\cos(n\omega t)\,\mathrm{d}t\right]=\frac{1}{2\pi}\left[\frac{1}{n}\sin(2\varphi_1)+\frac{1}{n}\sin(2\varphi_2)\right]$$

$$b_n = \frac{2}{T}\left[\int_0^{D_1 T}\sin(n\omega t)\,\mathrm{d}t + \int_{D_1 T}^{D_2 T}\frac{1}{2}\sin(n\omega t)\,\mathrm{d}t\right] = \frac{1}{\pi}\left[\frac{1}{n} - \frac{1}{2n}\cos(2\varphi_1) - \frac{1}{2n}\cos(2\varphi_2)\right]$$

$$G = \frac{D_1 + D_2}{2} + \frac{1}{2\pi}\sum_{n=1}^{\infty}\left[\frac{1}{n}\sin(\varphi_2 + \varphi_1 - n\omega t)\cos(\varphi_2 - \varphi_1) + \frac{2}{n}\sin(n\omega t)\right]$$

$$(10.39)$$

式中,$\varphi_1 = n\pi D_1$,$\varphi_2 = n\pi D_2$。则输出滤波器前端电压为

$$u_{\mathrm{Lf}} = \left\{\frac{D_1 + D_2}{2} + \frac{1}{2\pi}\sum_{n=1}^{\infty}\left[\frac{1}{n}\sin(\varphi_2 + \varphi_1 - n\omega t)\cos(\varphi_2 - \varphi_1)\right.\right.$$

$$\left.\left. + \frac{2}{n}\sin(n\omega t)\right]\right\}\frac{N_2}{N_1}\sqrt{2}U_{\mathrm{i}}\sin(\omega t) \qquad (10.40)$$

其基波分量为

$$u_{\mathrm{Lf1}} = \frac{D_1 + D_2}{2}\frac{N_2}{N_1}\sqrt{2}U_{\mathrm{i}}\sin(\omega t) \qquad (10.41)$$

式(10.41)表明,输出滤波器前端电压 u_{Lf} 除含有基波 u_{Lf1} 之外,还包含其他谐波。基波 u_{Lf1} 的幅值与功率开关的占空比 D_1、D_2 以及高频变压器原副边匝比 N_1/N_2 有关,谐波与开关频率有关。当开关频率很高时,容易通过低通滤波器滤除高次谐波,得到光滑稳定的输出电压波形。

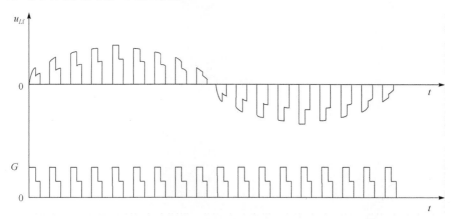

图 10.8　输出滤波器前端电压 u_{Lf} 和开关函数 G 波形示意图

10.7　原 理 实 验

设计实例:输出电压瞬时值反馈控制策略,额定容量 $S=1\mathrm{kVA}$,输入电压 $U_{\mathrm{i}}=220\mathrm{V}(\pm10\%,50\mathrm{Hz\ AC})$,输出电压 $U_{\mathrm{o}}=110\mathrm{V}(50\mathrm{Hz\ AC})$,开关频率 $f_{\mathrm{s}}=50\mathrm{kHz}$,高频变压器选用 LP3 型铁氧体磁芯 PM74,三个绕组的电感值 $L_1/L_2/L_3=$

$200\mu H/600\mu H/200\mu H$，输出滤波电感选用 LP3 型铁氧体材料磁芯 PM62×49，电感值 $L_f=450\mu H$，输出滤波电容 $C_f=8\mu F$。

单端正激型高频隔离式 TL 交-交直接变换器阻性负载时的原理实验波形如图 10.9 所示。图 10.9(a)为输入电压和基准正弦电压波形，可见基准正弦电压具有很好的正弦度，与输入电压同步。图 10.9(c)为功率开关 S_{2a} 的电压应力波形，可以看出相对于两电平拓扑，电压应力得到了降低。图 10.9(d)和(e)为变压器原边绕组电压及其展开波形，可见变压器工作在高频状态，绕组电压为三电平波形。图 10.9(f)和(g)为输出滤波器前端电压及其展开波形，为单极性、三电平的 SPWM 波。图 10.9(h)为输入和输出电压波形，可见输出电压 THD 较小。

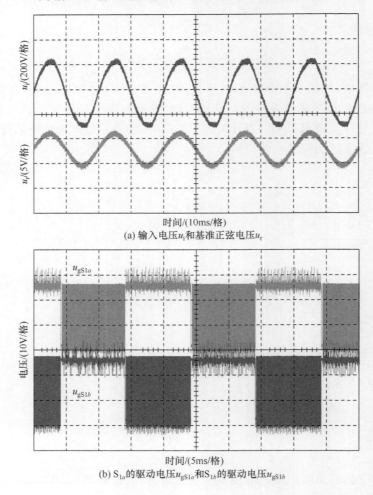

(a) 输入电压 u_i 和基准正弦电压 u_r

(b) S_{1a} 的驱动电压 u_{gS1a} 和 S_{1b} 的驱动电压 u_{gS1b}

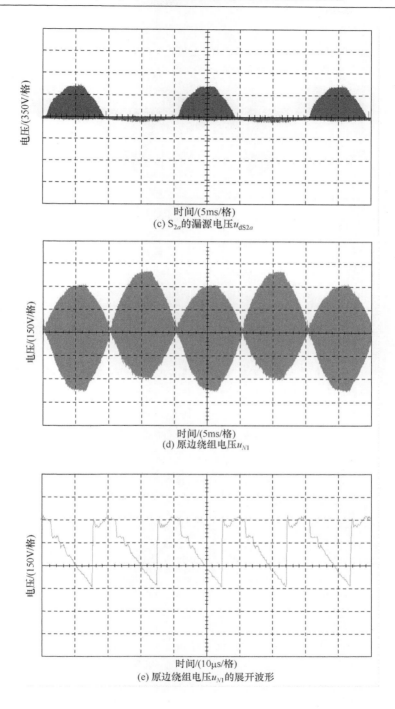

(c) S_{2a} 的漏源电压 u_{dS2a}

(d) 原边绕组电压 u_{N1}

(e) 原边绕组电压 u_{N1} 的展开波形

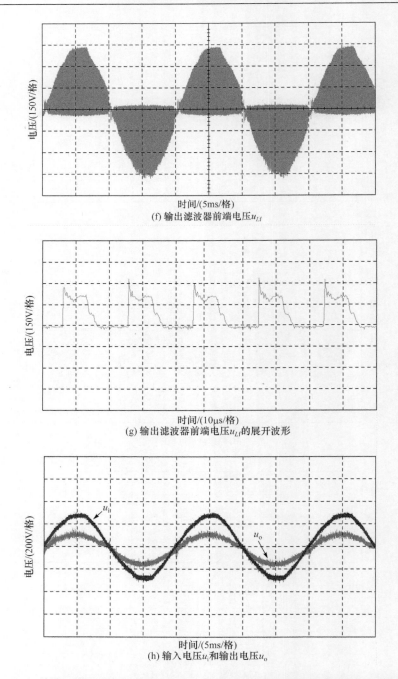

(f) 输出滤波器前端电压u_{Lf}

(g) 输出滤波器前端电压u_{Lf}的展开波形

(h) 输入电压u_i和输出电压u_o

图 10.9　单端正激型高频隔离式 TL 交-交直接变换器阻性负载时的原理实验波形

本 章 小 结

本章研究了所提出的单端正激型高频隔离式 TL 交-交直接变换器；分析了该变换器的输出电压瞬时值控制原理、稳态工作原理和外特性，以及磁复位需满足的条件。输出滤波器前端电压的谐波特性分析表明，输出滤波器前端电压的频谱特性较好，可方便滤波谐波成分。研制的 1kVA、220V（±10％，50Hz AC）/110V（50Hz AC）原理样机实验证实，该变换器具有高频电气隔离、输出电压 THD 较小、功率开关的电压应力可降低、可实现三电平电压波、适用于高压输入/中低压输出交-交变换场合等特点。

第 11 章　推挽全波型高频隔离式 TL 交-交直接变换器

11.1　引　　言

第 10 章对单端正激型高频隔离式 TL 交-交直接变换器进行了研究,分析了变换器的控制原理、稳态工作原理和外特性、磁复位需满足的条件和输出滤波器前端电压的谐波特性,并进行了原理实验。

本章重点对推挽全波型高频隔离式 TL 交-交直接变换器进行研究,分析该变换器的控制原理、稳态工作原理和外特性,推导输出电压和输出滤波电流的表达式,并给出研制样机的实验结果和性能指标。

11.2　电路拓扑与控制策略

本章提出一种新颖的推挽全波型高频隔离式 TL 交-交直接变换器,如图 11.1所示。其中,i_p 为变压器原边绕组电流。该电路拓扑是在第 9 章提出的相应拓扑的基础上做了些改变,其实质是一样的[51,52]。

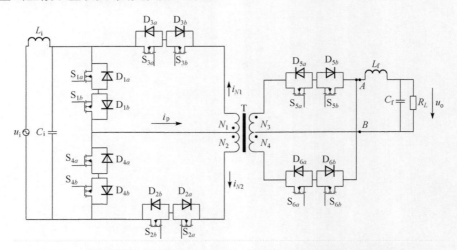

图 11.1　新颖的推挽全波型高频隔离式 TL 交-交直接变换器的电路拓扑

该变换器可采用单极性移相控制策略,通过改变 S_{1a} 支路和 S_{2a} 支路(S_{4a} 支路和 S_{3a} 支路)之间的驱动信号的移相角 θ,即可实现输入电压、负载变化时输出电压的稳定与调节。由于输出滤波器前端电压得到的是单极性 SPWM 波,故称之为单极性移相控制策略。

单极性移相控制策略的控制原理波形图如图 11.2 所示。其中,u_{N2}、u_{AB} 分别为变压器原边绕组电压、输出滤波器前端电压。将输出电压的采样信号和正弦基准信号,经 PI 调节器比较后得到误差放大电压 u_{e1},u_{e1} 与其反相信号 u_{e2} 分别与高频锯齿载波 u_c 比较后得到电压信号 u_{k1} 和 u_{k2},引入输入电压极性信号后,将 u_{k1} 和 u_{k2} 的下降沿二分频信号经过一系列逻辑变换,即可得到每个功率开关($S_{1a} \sim S_{6b}$)的驱动信号。功率开关 S_{1a} 和 S_{2a}、S_{4a} 和 S_{3a} 的驱动信号之间分别有移相角 θ($0 \sim 180°$)。通过调节 θ 的大小,即可实现输出电压的稳定与调节。

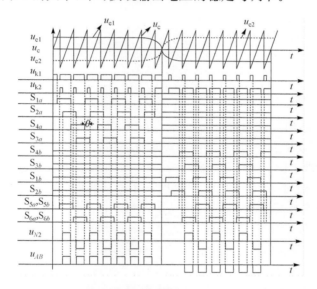

图 11.2　单极性移相控制策略的控制原理波形图

11.3　稳 态 原 理

变换器稳态工作时,一个开关周期的主要波形如图 11.3 所示。其中,i_p 为变压器原边绕组电流。为了便于分析,做如下假设:①所有电感、电容、电阻均为理想器件;②所有功率开关均为理想器件;③不考虑功率开关的开关延迟时间;④忽略功率器件驱动信号间的死区时间和换流重叠时间。

该变换器稳态工作且 CCM 时,在一个开关周期[t_1,t_{13}]内有 12 种开关模态,如图 11.4 所示。具体分析如下:

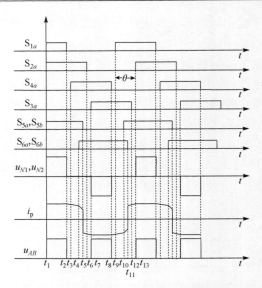

图 11.3　一个开关周期的主要波形图

（1）$[t_1,t_2]$ 期间，功率开关 S_{2a} 在 t_1 时刻开通，原边绕组电流 i_p 开始经 S_{1a}、$S_{1b}(D_{1b})$、S_{2a} 和 $S_{2b}(D_{2b})$ 流通，原边绕组电压 $u_{N2}=u_i$，输出滤波电感电流 i_{Lf} 经 S_{5a}、$S_{5b}(D_{5b})$ 流通，此时输出滤波器前端电压 $u_{AB}=u_i N_3/N_2$，如图 11.4(a) 所示。

（2）$[t_2,t_3]$ 期间，功率开关 S_{1a} 在 t_2 时刻零电压关断，S_{1a} 的漏源电压从 0 迅速上升到 u_i，同时 S_{4a} 的漏源电压迅速从 u_i 下降到 0，i_p 开始经 S_{4b}、D_{4a}、S_{2a} 和 $S_{2b}(D_{2b})$ 续流，$u_{N2}=0$，i_{Lf} 经 S_{5a}、$S_{5b}(D_{5b})$ 流通，此时 $u_{AB}=0$，如图 11.4(b) 所示。

（3）$[t_3,t_4]$ 期间，由于 $u_{N2}=0$，S_{4a} 在 t_3 时刻零电压开通，i_p 经 S_{4b}、$S_{4a}(D_{4a})$、S_{2a} 和 $S_{2b}(D_{2b})$ 续流，u_{N2} 继续为 0，i_{Lf} 经 S_{5a}、$S_{5b}(D_{5b})$ 流通，$u_{AB}=0$，如图 11.4(c) 所示。

（4）$[t_4,t_5]$ 期间，由于 $u_{N2}=0$，S_{6a} 和 S_{6b} 在 t_4 时刻同时零电压开通，i_p 继续经 S_{4b}、$S_{4a}(D_{4a})$、S_{2a} 和 $S_{2b}(D_{2b})$ 续流，此阶段为周波变换器的换流重叠时间，i_{Lf} 同时经 S_{5a}、$S_{5b}(D_{5b})$ 和 S_{6a}、$S_{6b}(D_{6b})$ 两条支路流通，$u_{AB}=0$，如图 11.4(d) 所示。

（5）$[t_5,t_6]$ 期间，S_{5a} 和 S_{5b} 在 t_5 时刻同时零电压关断，i_p 经 S_{2b}、$S_{2a}(D_{2a})$、S_{4a} 和 $S_{4b}(D_{4b})$ 续流，$u_{N2}=0$，i_{Lf} 经 S_{6a}、$S_{6b}(D_{6b})$ 流通，此时 $u_{AB}=0$，如图 11.4(e) 所示。

（6）$[t_6,t_7]$ 期间，S_{2a} 在 t_6 时刻零电压关断，i_p 经 S_{4a}、$S_{4b}(D_{4b})$、S_{2b} 和 D_{2a} 续流，$u_{N2}=0$，i_{Lf} 继续经 S_{6a}、$S_{6b}(D_{6b})$ 流通，$u_{AB}=0$，如图 11.4(f) 所示。

$[t_7,t_{13}]$ 的工作过程与 $[t_1,t_7]$ 类似，不再赘述。因此，在一个开关周期内变压器绕组电压共有 u_i、0、$-u_i$ 三种电平，周波变换器的功率开关可以实现零电压软换流。

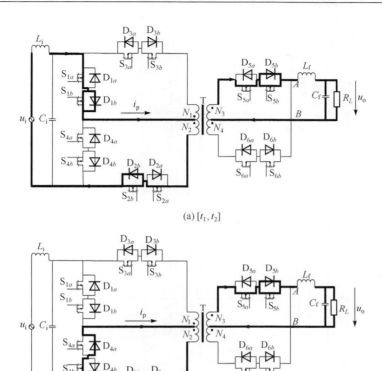

(a) $[t_1, t_2]$

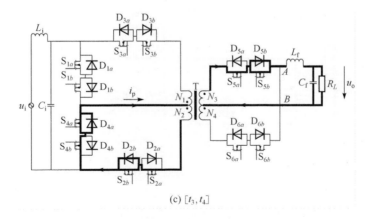

(b) $[t_2, t_3]$

(c) $[t_3, t_4]$

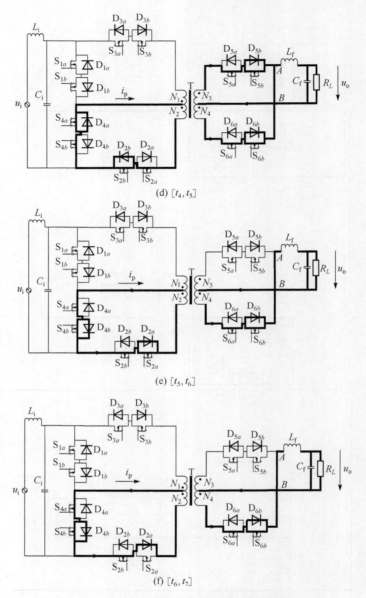

图 11.4　一个开关周期内的开关模态

11.4　输出电压与滤波电感电流的定量表达式

　　该变换器在一个开关周期内的开关模态共有两种等效电路,如图 11.5 所示。其中,r 为电路的等效内阻,包括变压器绕组等效内阻、功率开关通态电阻、滤波电感寄生电阻等在内的等效电阻。可以采用状态空间平均法建立输入电压与输出电压之间的关系式。

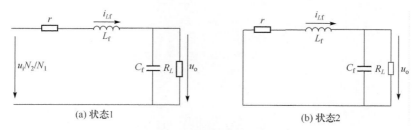

(a) 状态1　　　　　　　　　　　　　　　　　(b) 状态2

图 11.5　开关模态的等效电路

图 11.5(a)所示等效电路的状态方程为

$$L_f \frac{\mathrm{d}i_{Lf}}{\mathrm{d}t} = -ri_{Lf} + u_i \frac{N_2}{N_1} - u_o \tag{11.1}$$

$$C_f \frac{\mathrm{d}u_o}{\mathrm{d}t} = i_{Lf} - \frac{u_o}{R_L} \tag{11.2}$$

图 11.5(b)所示等效电路的状态方程为

$$L_f \frac{\mathrm{d}i_{Lf}}{\mathrm{d}t} = -ri_{Lf} - u_o \tag{11.3}$$

$$C_f \frac{\mathrm{d}u_o}{\mathrm{d}t} = i_{Lf} - \frac{u_o}{R_L} \tag{11.4}$$

设 D 为输出滤波器前端电压波 u_{AB} 在一个开关周期内的占空比,则有

$$D = 2T_{on}/T_s = (180° - \theta)/180° \tag{11.5}$$

将式(11.1)乘以 D,加上式(11.3)乘以 $(1-D)$,同样将(11.2)乘以 D,加上式(11.4)乘以 $(1-D)$,并令 $\mathrm{d}i_{Lf}/\mathrm{d}t = 0, \mathrm{d}u_o/\mathrm{d}t = 0$,可得到状态变量的稳态值为

$$I_{Lf} = \frac{DU_i N_2}{N_1} \frac{1}{R_L + r} \tag{11.6}$$

$$U_o = \frac{DU_i N_2}{N_1} \frac{1}{1 + r/R_L} \tag{11.7}$$

11.5　外　特　性

11.5.1　理想情形

由式(11.6)可知,理想情形($r = 0$)且 CCM 模式时变换器的外特性为

$$U_o = DU_i N_2/N_1 \tag{11.8}$$

输出滤波电感电流临界连续和 DCM 时一个开关周期内的原理波形如图 11.6 所示。

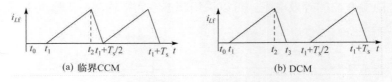

图 11.6　临界 CCM 和 DCM 时一个开关周期内的波形

由图 11.6(a)可得,在 $t = t_1 \sim t_2$ 时有

$$u_i N_2 / N_1 - u_o = L_f \frac{i_{Lf}(t_2)}{D T_s / 2} \tag{11.9}$$

由式(11.8)和式(11.9)可得,输出滤波电感电流临界连续时的负载电流为

$$I_G = I_{omin} = i_{Lf}(t_2)/2 = \frac{u_i N_2 T_s}{4 N_1 L_f} D(1-D) \tag{11.10}$$

由式(11.10)可知,当 $D = 1/2$ 时,I_G 达到最大值为

$$I_{Gmax} = \frac{u_i N_2 T_s}{16 N_1 L_f} \tag{11.11}$$

由式(11.10)和式(11.11)可得,理想情形且临界连续时变换器的外特性为

$$I_G = 4 I_{Gmax} D(1-D) \tag{11.12}$$

由图 11.6(b)可知,$t_3 < t_1 + (T_s/2)$,$t = t_1 \sim t_2$ 时

$$u_i N_2 / N_1 - u_o = L_f \frac{i_{Lf}(t_2)}{D T_s / 2} \tag{11.13}$$

在 $t = t_2 \sim t_3$ 时有

$$u_o = L_f \frac{i_{Lf}(t_2)}{t_3 - t_2} \tag{11.14}$$

由式(11.13)和式(11.14)可得

$$t_3 - t_2 = \frac{(u_i N_2 / N_1 - u_o) D T_s / 2}{u_o} \tag{11.15}$$

输出负载电流为

$$i_o = \frac{2(t_3 - t_1) i_{Lf}(t_2)}{2 T_s} = \frac{(D T_s / 2 + t_3 - t_2) i_{Lf}(t_2)}{T_s} \tag{11.16}$$

由式(11.11)、式(11.13)、式(11.15)和式(11.16)可得

$$I_o = I_{Gmax} \frac{4 D^2 (U_i N_2 / N_1 - U_o)}{2 T_s U_o} \tag{11.17}$$

因此,理想情形且 DCM 时变换器的外特性为

$$\frac{U_o}{U_i} = \frac{4 D^2}{4 D^2 + (I_o / I_{Gmax})} \frac{N_2}{N_1} \tag{11.18}$$

11.5.2　实际情形

该变换器的标幺外特性 $U_o/(U_iN_2/N_1)=f(I_o/I_{Gmax})$,如图 11.7 所示。曲线 A 为输出滤波电感电流临界连续时的外特性曲线,由式(11.12)决定;曲线 A 右边为 CCM 时的外特性曲线,实线为理想情形时曲线,由式(11.8)决定;虚线为实际情形时曲线,由式(11.6)决定,可见随负载增加,输出电压下降;曲线 A 左边为 DCM 时的外特性曲线,由式(11.18)决定。

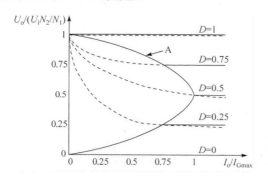

图 11.7　标幺外特性

11.6　实 验 研 究

原理样机的主要参数:单极性移相控制策略,输入电压 $U_i=220V(\pm10\%,50Hz\ AC)$,输出电压 $U_o=110V\pm1V(50Hz\ AC)$,输出视在功率 $S=500VA$,高频变压器选用 LP3 材料 PM74 型磁芯,$N_1:N_2:N_3:N_4=15:15:11:11$,输出滤波电感选用 LP3 材料 PM62×49 型磁芯,电感值 $L_f=600\mu H$,输出滤波电容 $C_f=4.75\mu F$。

11.6.1　实验波形

推挽全波型高频隔离式 TL 交-交直接变换器的原理实验波形如图 11.8 所示。图 11.8(a)和(b)分别为功率开关 S_{1a} 和 S_{5b} 的驱动电压和漏源电压,可以看出 TL 变换器中的功率开关 S_{1a} 的电压应力为 u_i,为两电平推挽拓扑的一半,周波变换器的功率开关 S_{5b} 实现了零电压开关。图 11.8(c)为高频变压器的原边电压、S_{5a}(S_{5b})和 S_{6a}(S_{6b})的驱动电压展开波形,可见变压器的绕组电压为三电平(u_i、0、$-u_i$)高频交流脉冲波,周波变换器的功率开关的开通和关断时刻都在绕组电压为零期间,实现了零电压开关。图 11.8(d)为原边电压和原边电流波形,图 11.8(e)为输出滤波器前端电压和输出滤波电感电流波形,均与理论分析一致。图 11.8(f)、 (g)和(h)分别为阻性、感性和容性额定负载时的输出电压和输出电流波形,可见输出波形 THD 较小,变换器可以实现双向功率流,具有强的负载适应能力。

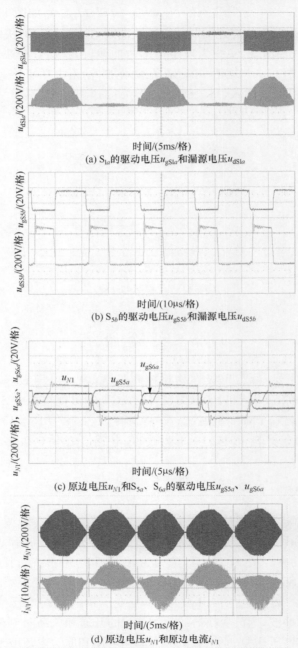

(a) S_{1a}的驱动电压u_{gS1a}和漏源电压u_{dS1a}

(b) S_{5b}的驱动电压u_{gS5b}和漏源电压u_{dS5b}

(c) 原边电压u_{N1}和S_{5a}、S_{6a}的驱动电压u_{gS5a}、u_{gS6a}

(d) 原边电压u_{N1}和原边电流i_{N1}

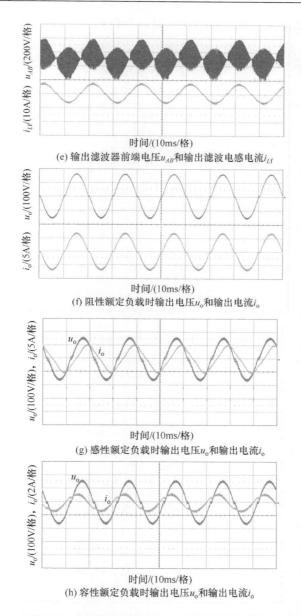

(e) 输出滤波器前端电压u_{AB}和输出滤波电感电流i_{Lf}

(f) 阻性额定负载时输出电压u_o和输出电流i_o

(g) 感性额定负载时输出电压u_o和输出电流i_o

(h) 容性额定负载时输出电压u_o和输出电流i_o

图 11.8　推挽全波型高频隔离式 TL 交-交直接变换器的原理实验波形

11.6.2　实验数据

　　不同输入电压、不同性质负载时的原理样机实验数据,如表 11.1、表 11.2 和表 11.3 所示。可以看出,当输入电压或输出功率变化时,输出电压的变化量小于

±1V,说明采用单极性移相控制时变换器具有较好的源调整率和负载调整率;该变换器具有较好的输出电压波形和强的负载适应能力;在额定负载时,变换器具有较高的变换效率和输入侧功率因数。

表 11.1　阻性负载时的实验数据

电量＼输入电压	输入电流 I_i/A	输入功率 P_i/W	输入侧功率因数 $\cos\varphi_i$	输出电压 U_o/V	输出电流 I_o/A	输出功率 P_o/W	变换效率 /%	输出电压 THD/%
U_i=198.5V	3.196	633.8	0.999	109.0	5.042	549.3	0.867	5.2
U_i=198.4V	2.92	579	0.998	109.1	4.616	503.7	0.87	5.12
U_i=198V	2.62	518	0.996	109.3	4.112	449.2	0.867	5.31
U_i=198.3V	2.35	462.3	0.994	109.5	3.655	400	0.865	5.48
U_i=198.1V	2.07	406	0.989	109.7	3.182	348.9	0.86	4.8
U_i=198.7V	1.8	352	0.981	109.7	2.716	297.8	0.846	4.5
U_i=198V	1.56	300	0.966	109.8	2.262	248.3	0.828	5.0
U_i=198.3V	1.32	246	0.942	109.8	1.802	198	0.805	5.3
U_i=220V	2.93	642	0.995	109.5	5.07	555.1	0.865	5.4
U_i=220.5V	2.69	587	0.992	109.6	4.634	507.5	0.864	5.09
U_i=220V	2.42	526	0.988	109.7	4.130	453	0.861	5.12
U_i=220.7V	2.18	471	0.978	109.8	3.664	402	0.854	4.9
U_i=220.4V	1.93	414	0.97	109.9	3.189	350.4	0.846	5.03
U_i=220.3V	1.71	359	0.952	109.9	2.722	299.1	0.833	4.94
U_i=220V	1.52	307.3	0.92	110	2.267	249.2	0.811	5.17
U_i=220.7V	1.29	253.5	0.887	110.1	1.806	198.7	0.784	5.28
U_i=243.1V	2.72	658.9	0.996	109.7	5.125	562	0.853	5.0
U_i=242.1V	2.44	587	0.993	109.6	4.601	504.2	0.86	4.6
U_i=242V	2.22	531	0.988	109.9	4.139	454.8	0.856	4.53
U_i=242.7V	1.99	475	0.982	110.1	3.673	404.2	0.851	4.4
U_i=242.8V	1.93	420	0.971	110.1	3.209	353	0.84	4.49
U_i=242.3V	1.57	363	0.953	110.1	2.726	300	0.83	4.5
U_i=242.5V	1.39	311	0.925	110.2	2.271	250.1	0.804	4.52
U_i=242.1V	1.2	257	0.883	110.3	1.810	199.5	0.776	4.43

表 11.2　感性负载时的实验数据

电量 输入 电压	输入 电流 I_i/A	输入 功率 P_i/W	输入侧功率 因数 $\cos\varphi_i$	输出 电压 U_o/V	输出 电流 I_o/A	输出 功率 P_o/W	负载功率 因数 $\cos\varphi_L$	变换 效率 /%	输出 电压 THD /%
$U_i=198V$	1.91	232	0.612	109.9	2.12	185.1	0.795	0.798	5.26
$U_i=198.4V$	2.52	456	0.914	108.1	4.51	384.7	0.79	0.844	5.6
$U_i=220V$	1.12	245	0.992	108.7	2.089	181.7	0.8	0.742	5.63
$U_i=220.1V$	2.309	474	0.933	108.6	4.547	390.1	0.79	0.823	5.32
$U_i=242V$	1.02	246	0.999	110.3	2.124	187.6	0.801	0.763	5.17
$U_i=244.1V$	2.14	476	0.912	109.6	4.585	397	0.79	0.834	5.01

表 11.3　容性负载时的实验数据

电量 输入 电压	输入 电流 I_i/A	输入 功率 P_i/W	输入侧功 率因数 $\cos\varphi_i$	输出 电压 U_o/V	输出 电流 I_o/A	输出 功率 P_o/W	负载功率 因数 $\cos\varphi_L$	变换 效率 /%	输出 电压 THD/%
$U_i=198.5V$	1.18	142	0.605	110.4	1.144	96.2	0.762	0.667	5.12
$U_i=220V$	1.28	151	0.538	110.5	1.146	96.35	0.76	0.64	5.4
$U_i=242.6V$	1.19	154	0.535	110.7	1.148	96.78	0.761	0.63	4.43

　　由表 11.1 绘制的效率曲线如图 11.9 所示。可以看出,变换器具有较高的变换效率,在不同输入电压时随着输出功率的增大,变换效率也逐渐增大,在额定负载附近达到了最大效率点,说明变换器得到了优化设计。相同输出功率时,高输入电压时的变换效率低于低输入电压时的,这是由于高输入电压时 TL 变换器的功率开关的开通损耗增大,影响了变换效率。

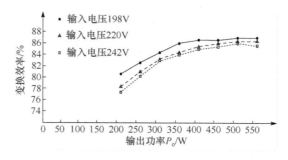

图 11.9　不同输入电压时的变换效率曲线

本 章 小 结

　　本章研究了推挽全波型高频隔离式 TL 交-交直接变换器；分析了该变换器的单极性移相控制策略，分析了稳态工作原理和外特性，推导了输出电压和输出滤波电流的表达式。研制的 500VA、220V（±10％，50Hz AC）/110V（50Hz AC）样机实验表明，单极性移相控制的该变换器具有输出电压稳定、THD 较小、TL 变换器功率开关的电压应力为两电平推挽拓扑的一半、周波变换器可实现零电压开关、额定负载时的变换效率和输入侧功率因数较高、负载适应能力强等优点。

第12章 半桥全波型高频隔离式 TL 交-交直接变换器

12.1 引 言

第11章对推挽全波型高频隔离式 TL 交-交直接变换器进行了研究;分析了该变换器的控制原理、稳态工作原理和外特性,推导了输出电压和输出滤波电流的表达式,并给出了研制样机的实验结果和性能指标。

本章对所提出的半桥全波型高频隔离式 TL 交-交直接变换器进行研究,分析该变换器的控制原理和稳态原理,推导输出电压和输出滤波电流的表达式,分析输出滤波器前端电压的频谱特性,并在理论分析的基础上进行仿真验证。

12.2 电 路 拓 扑

半桥全波型高频隔离式 TL 交-交直接变换器的电路拓扑如图 12.1 所示。其

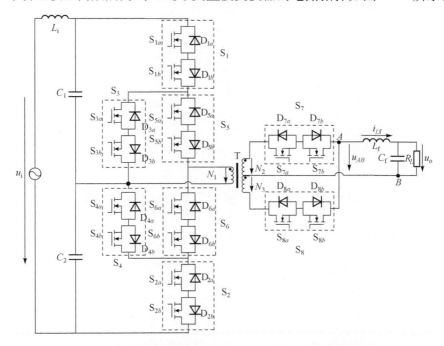

图 12.1 半桥全波型高频隔离式 TL 交-交直接变换器的电路拓扑

中，S_1、S_2、S_5、S_6、S_7、S_8均为四象限功率开关；S_3、S_4为四象限箝位功率开关；L_i为输入滤波电感；L_f为输出滤波电感；C_f为输出滤波电容；N_1、N_2和N_3分别为高频变压器的一次绕组和二次绕组[53]。

12.3　控制原理与稳态分析

12.3.1　控制原理

　　半桥全波型高频隔离式 TL 交-交直接变换器，可以采用电压瞬时值反馈控制方案。将输出电压的采样信号与正弦基准信号进行比较，经 PI 调节器、精密二极管整流电路后得到误差放大信号的绝对值，将其与高频锯齿载波比较后可得到 SPWM 信号，引入输入电压极性信号，通过一系列逻辑变换后可得到各个功率开关的驱动信号。通过调节 SPWM 信号的占空比，即可实现变压器原边电压三电平输出以及输出电压的稳定与调节。

　　以输出电压 $u_o > 0$、输出滤波电感电流 $i_{Lf} > 0$ 为例，各个功率开关在一个开关周期 $[t_0, t_4]$ 内的控制信号波形如图 12.2 所示。

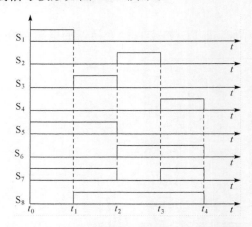

图 12.2　一个开关周期内的功率开关的控制信号

12.3.2　稳态原理

　　为简化分析，忽略变换器功率器件驱动信号间的死区和换流重叠时间，并令 $N_2 = N_3$。该变换器稳态工作且输出滤波电感电流连续时，在一个开关周期内有 4 个开关模式，如图 12.3 所示。

　　（1）开关模式 $1[t_0, t_1]$：t_0 时刻功率开关 S_1、S_5、S_7 开通，原边电流 i_{N1} 经过 S_{1a}、$S_{1b}(D_{1b})$、S_{5a}、$S_{5b}(D_{5b})$ 流通，输出滤波电感电流 i_{Lf} 经 S_{7a}、$S_{7b}(D_{7b})$ 流通，此时流经变压器副边的电流为 i_a，i_a 不断增长，能量从电源侧向负载侧传输，变压器原边绕组

电压 $u_{N1}=u_{i}/2$，输出滤波器前端电压 $u_{AB}=N_{2}u_{i}/(2N_{1})$，如图 12.3(a)所示。由于 S_{4} 的电压箝位作用，S_{2a} 和 S_{6a} 的漏源电压均为 $u_{i}/2$，仅为两电平半桥式拓扑的一半。

（2）开关模式 2$[t_{1},t_{2}]$：t_{1} 时刻功率开关 S_{3}、S_{8} 开通，S_{5}、S_{7} 保持导通，S_{3} 起到电压箝位作用。原边电流 i_{N1} 经过 $S_{3a}(D_{3a})$、S_{3b}、S_{5a}、$S_{5b}(D_{5b})$ 流通，并逐渐达到最大值，i_{Lf} 经 S_{7}、S_{8} 两路同时流通，但是流经 S_{7a}、$S_{7b}(D_{7b})$ 的电流 i_{a} 会不断减小，而流经 S_{8a}、$S_{8b}(D_{8b})$ 的电流 i_{b} 会不断增大，从而实现了 S_{7} 和 S_{8} 两条支路之间的换流，如图 12.3(b)所示。

（3）开关模式 3$[t_{2},t_{3}]$：t_{2} 时刻 S_{2}、S_{6} 开通，S_{8} 继续保持导通。原边电流 i_{N1} 经过 S_{6a}、$S_{6b}(D_{6b})$、S_{2a}、$S_{2b}(D_{2b})$ 流通，此时电流方向开始反向，i_{Lf} 经 S_{8a}、$S_{8b}(D_{8b})$ 流通，流经变压器副边的电流为 i_{b}，i_{b} 不断增长，此时 $u_{N1}=-u_{i}/2$，$u_{AB}=N_{2}u_{i}/(2N_{1})$，如图 12.3(c)所示。

（4）开关模式 4$[t_{3},t_{4}]$：t_{3} 时刻 S_{4}、S_{7} 开通，S_{6}、S_{8} 保持导通。原边电流 i_{N1} 经过 S_{6a}、$S_{6b}(D_{6b})$、S_{4b}、$S_{4a}(D_{4a})$ 流通，其幅值开始减小，i_{Lf} 经 S_{7}、S_{8} 同时流通，但是 i_{b} 不断减小，而 i_{a} 不断增大，从而实现了 S_{8} 和 S_{7} 两路之间的换流，此时 $u_{N1}=0$，$u_{AB}=0$，如图 12.3(d)所示。

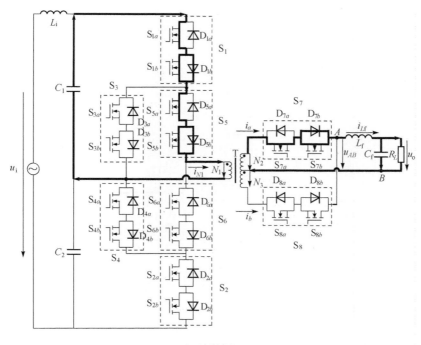

(a) 开关模式1

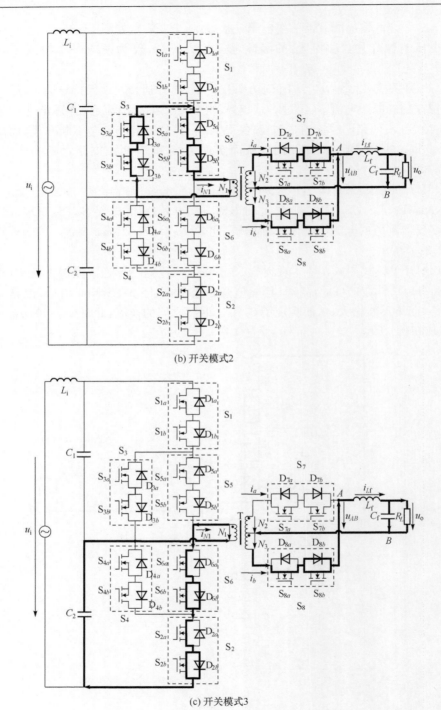

(b) 开关模式2

(c) 开关模式3

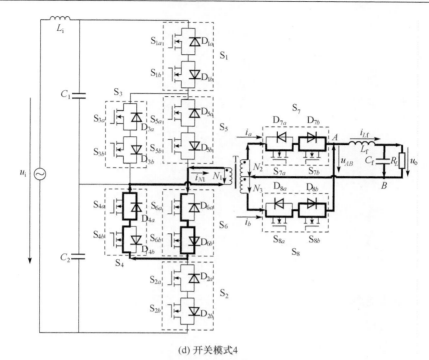

(d) 开关模式4

图 12.3　一个开关周期内的四个开关模式

该变换器在一个开关周期内的开关模式可等效为两个电路,如图 12.4 所示。其中,r 为包括变压器绕组等效电阻、功率开关通态电阻、滤波电感寄生电阻在内的等效电阻。

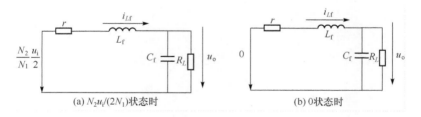

(a) $N_2 u_i / (2N_1)$ 状态时　　　　　　　　(b) 0状态时

图 12.4　开关模式的等效电路

图 12.4(a)所示等效电路的状态方程为

$$L_f \frac{\mathrm{d}i_{Lf}}{\mathrm{d}t} = -ri_{Lf} + \frac{u_i N_2}{2N_1} - u_o \tag{12.1}$$

$$C_f \frac{\mathrm{d}u_o}{\mathrm{d}t} = i_{Lf} - \frac{u_o}{R_L} \tag{12.2}$$

图 12.4(b)所示等效电路的状态方程为

$$L_f \frac{\mathrm{d}i_{Lf}}{\mathrm{d}t} = -ri_{Lf} - u_o \tag{12.3}$$

$$C_f \frac{\mathrm{d}u_o}{\mathrm{d}t} = i_{Lf} - \frac{u_o}{R_L} \tag{12.4}$$

采用状态空间平均法,可以得到状态变量的稳态值为

$$U_o = \frac{DU_i N_2 R_L}{2N_1(R_L + r)} \tag{12.5}$$

$$I_{Lf} = \frac{DU_i N_2}{2N_1(R_L + r)} \tag{12.6}$$

12.3.3　外特性

由式(12.5)可知,理想情形($r=0$)、CCM 时变换器的外特性为

$$U_o = \frac{DU_i N_2}{2N_1} \tag{12.7}$$

输出滤波电感电流临界 CCM 和 DCM 时的原理波形如图 12.5 所示。

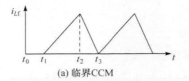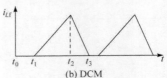

(a) 临界CCM　　　　　　　　(b) DCM

图 12.5　输出滤波电感电流临界 CCM 和 DCM 时的原理波形

由图 12.5(a)可知,当 $t = t_1 \sim t_2$ 时有

$$\frac{u_i}{2}(N_2/N_1) - u_o = L_f \frac{\mathrm{d}i_{Lf}(t_2)}{\mathrm{d}t} = L_f \frac{i_{Lf}(t_2) - i_{Lf}(t_1)}{t_2 - t_1} = L_f \frac{i_{Lf}(t_2)}{D/2T_s} \tag{12.8}$$

由式(12.7)、式(12.8)可得,当输出滤波电感电流初值等于零时的负载电流为

$$I_G = \frac{U_i N_2 T_s}{8N_1 L_f} D(1-D) \tag{12.9}$$

由式(12.9)可知,当 $D = 1/2$ 时,I_G 达到的最大值为

$$I_{Gmax} = \frac{U_i N_2 T_s}{32 N_1 L_f} \tag{12.10}$$

由式(12.9)、式(12.10)可知,理想情形且临界 CCM 时变换器的外特性为

$$I_G = 4I_{Gmax}D(1-D) \tag{12.11}$$

由图 12.5(b)可知,$t_3 - t_1 < T_s/2$。当 $t = t_1 \sim t_2$ 时有

$$\frac{u_i}{2}(N_2/N_1) - u_o = L_f \frac{i_{Lf}(t_2)}{D/2T_s} \tag{12.12}$$

当 $t = t_2 \sim t_3$ 时有

$$u_{\mathrm{o}} = L_{\mathrm{f}} \frac{i_{Lf}(t_2)}{t_3 - t_2} \tag{12.13}$$

由式(12.10)～式(12.13)可得,输出负载电流为

$$
\begin{aligned}
I_{\mathrm{o}} &= \frac{D}{2} \frac{\frac{U_{\mathrm{i}}}{2}\left(\frac{N_2}{N_1}\right) - U_{\mathrm{o}}}{L_{\mathrm{f}}} \frac{D}{2} T_{\mathrm{s}} + \frac{\frac{U_{\mathrm{i}}}{2}\left(\frac{N_2}{N_1}\right) - U_{\mathrm{o}}}{U_{\mathrm{o}}} \frac{D}{2} \frac{\frac{U_{\mathrm{i}}}{2}\left(\frac{N_2}{N_1}\right) - U_{\mathrm{o}}}{L_{\mathrm{f}}} \frac{D}{2} T_{\mathrm{s}} \\
&= \frac{D^2 T_{\mathrm{s}} U_{\mathrm{i}} N_2}{8 U_{\mathrm{o}} L_{\mathrm{f}} N_1}\left(\frac{U_{\mathrm{i}}}{2} \frac{N_2}{N_1} - U_{\mathrm{o}}\right) \\
&= I_{\mathrm{Gmax}} \frac{4 D^2 \left(\dfrac{U_{\mathrm{i}}}{2} \dfrac{N_2}{N_1} - U_{\mathrm{o}}\right)}{U_{\mathrm{o}}}
\end{aligned}
\tag{12.14}
$$

因此,理想情形且 DCM 时变换器的外特性为

$$\frac{U_{\mathrm{o}}}{U_{\mathrm{i}}} = \frac{4 D^2}{4 D^2 + I_{\mathrm{o}} / I_{\mathrm{Gmax}}} \frac{N_2}{N_1} \tag{12.15}$$

12.4　输出滤波器前端电压频谱结构分析

当变换器稳态工作时,输出滤波器前端电压 u_{AB} 可表示为

$$
u_{AB} =
\begin{cases}
\dfrac{N_2}{N_1} u_{\mathrm{i}}(t)/2, & 0 < t < \dfrac{D}{2} T_{\mathrm{s}},\ \dfrac{T_{\mathrm{s}}}{2} < t < \dfrac{T_{\mathrm{s}}}{2} + \dfrac{D}{2} T_{\mathrm{s}} \\[3mm]
0, & \dfrac{D}{2} T_{\mathrm{s}} < t < \dfrac{T_{\mathrm{s}}}{2},\ \dfrac{T_{\mathrm{s}}}{2} + \dfrac{D}{2} T_{\mathrm{s}} < t < T_{\mathrm{s}}
\end{cases}
\tag{12.16}
$$

式中,$u_{\mathrm{i}}(t)$ 表示输入电压,$u_{\mathrm{i}}(t) = \sqrt{2} U_{\mathrm{i}} \sin(\omega t)$。令 $u_{AB} = K(t) \dfrac{N_2}{N_1} \dfrac{\sqrt{2} U_{\mathrm{i}} \sin(\omega t)}{2}$,则周期函数 $K(t)$ 在一个开关周期内可表示为

$$
K(t) =
\begin{cases}
1, & 0 < t < \dfrac{D}{2} T_{\mathrm{s}},\ \dfrac{T_{\mathrm{s}}}{2} < t < \dfrac{T_{\mathrm{s}}}{2} + \dfrac{D}{2} T_{\mathrm{s}} \\[3mm]
0, & \dfrac{D}{2} T_{\mathrm{s}} < t < \dfrac{T_{\mathrm{s}}}{2},\ \dfrac{T_{\mathrm{s}}}{2} + \dfrac{D}{2} T < t < T_{\mathrm{s}}
\end{cases}
\tag{12.17}
$$

将 $K(t)$ 利用傅里叶级数展开,可得

$$K(t) = \frac{a_0}{2} + \sum_{n=1}^{\infty}\left[a_n \cos(n \omega_{\mathrm{s}} t) + b_n \sin(n \omega_{\mathrm{s}} t)\right]$$

$$a_0 = \frac{2}{T_{\mathrm{s}}}\left(\int_0^{\frac{D}{2} T_{\mathrm{s}}} \mathrm{d}t + \int_{T_{\mathrm{s}}/2}^{T_{\mathrm{s}}/2 + \frac{D}{2} T_{\mathrm{s}}} \mathrm{d}t\right) = 2D$$

$$a_n = \frac{2}{T_s}\left[\int_0^{\frac{D}{2}T_s}\cos(n\omega_s t)\mathrm{d}t + \int_{T_s/2}^{T_s/2+\frac{D}{2}T_s}\cos(n\omega_s t)\mathrm{d}t\right] = \frac{1+(-1)^n}{2}\frac{2}{n\pi}\sin(n\pi D)$$

$$b_n = \frac{2}{T_s}\left[\int_0^{\frac{D}{2}T_s}\sin(n\omega_s t)\mathrm{d}t + \int_{T_s/2}^{T_s/2+\frac{D}{2}T_s}\sin(n\omega_s t)\mathrm{d}t\right] = \frac{1+(-1)^n}{2}\frac{2}{n\pi}[1-\cos(n\pi D)]$$

$$\begin{aligned}K(t) &= D + \sum_{n=1}^{\infty}\left\{\frac{1+(-1)^n}{2}\frac{2}{n\pi}\sin(n\pi D)\cos(n\omega_s t)\right.\\ &\quad \left.+ \frac{1+(-1)^n}{2}\frac{2}{n\pi}[1-\cos(n\pi D)]\sin(n\omega_s t)\right\}\\ &= D + \sum_{n=1}^{\infty}\frac{1+(-1)^n}{n\pi}[1+\sin(n\pi D - n\omega_s t)]\end{aligned} \quad (12.18)$$

则输出滤波器前端电压为

$$\begin{aligned}u_{AB} &= K(t)\frac{N_2}{N_1}\frac{\sqrt{2}U_i\sin(\omega t)}{2}\\ &= \left\{D + \sum_{n=1}^{\infty}\frac{1+(-1)^n}{n\pi}[1+\sin(n\pi D - n\omega_s t)]\right\}\frac{N_2}{N_1}\frac{\sqrt{2}U_i\sin(\omega t)}{2}\\ &= \frac{N_2}{N_1}\frac{\sqrt{2}U_i D\sin(\omega t)}{2} + \sum_{n=1}^{\infty}\frac{1+(-1)^n}{n\pi}[1+\sin(n\pi D - n\omega_s t)]\frac{N_2}{N_1}\frac{\sqrt{2}U_i\sin(\omega t)}{2}\end{aligned}$$
$$(12.19)$$

其基波分量 $u_{AB(1)} = \dfrac{N_2}{N_1}\dfrac{\sqrt{2}U_i D\sin(\omega t)}{2}$。从式(12.19)可以看出,输出滤波器前端电压中除包含基波分量 $u_{AB(1)}$ 外,还含有其他偶次谐波,高次谐波的幅值与占空比 D、变压器原副边匝数以及输入电压幅值有关,其频率主要由开关频率决定。因此,可以适当提高开关频率,以便通过低通滤波器更好地滤除高次谐波。

12.5　仿真分析

仿真实例:输入电压 $U_i = 220\mathrm{V}(\pm10\%,50\mathrm{Hz\ AC})$,$u_o = (0.2\sim0.5)u_i$,额定容量 $S = 1\mathrm{kVA}$,开关频率 $f_s = 50\mathrm{kHz}$,变压器匝比 $N_1:N_2:N_3 = 17:22:22$,输入滤波电感 $L_i = 20\mu\mathrm{H}$,输出滤波电感 $L_f = 650\mu\mathrm{H}$,输出滤波电容 $C_f = 12\mu\mathrm{F}$,负载功率因数 $\cos\varphi_L = -0.75\sim0.75$。

半桥全波型高频隔离式 TL 交-交直接变换器的仿真波形如图 12.6 所示。可以看出,输出电压 THD 小,变压器原边电压为高频交流三电平电压波,输出滤波器前端电压为单极性 SPWM 波。仿真波形与理论分析一致。

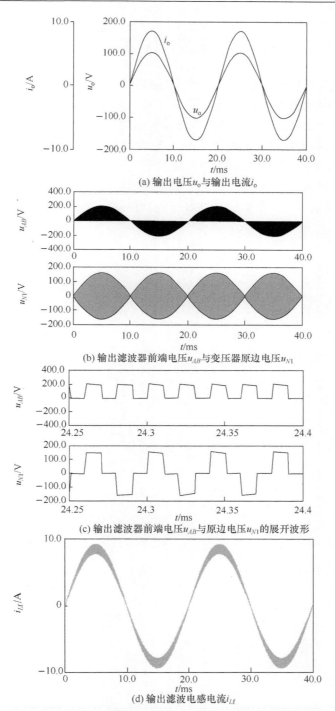

(a) 输出电压u_o与输出电流i_o

(b) 输出滤波器前端电压u_{AB}与变压器原边电压u_{N1}

(c) 输出滤波器前端电压u_{AB}与原边电压u_{N1}的展开波形

(d) 输出滤波电感电流i_{Lf}

图 12.6　半桥全波型高频隔离式 TL 交-交直接变换器的仿真波形

本 章 小 结

本章研究了所提出的半桥全波型高频隔离式 TL 交-交直接变换器；分析了该变换器的电压瞬时值反馈控制策略、高频开关工作过程和稳态原理，推导了输出电压和输出滤波电流的表达式。输出滤波器前端电压的谐波特性分析表明，变换器的频谱特性较好，高次谐波的幅值与占空比、变压器原副边匝数以及输入电压幅值有关，其频率主要由开关频率决定，可通过适当提高开关频率更好地滤除高次谐波。仿真实验结果证实，该变换器具有输出波形质量高、功率开关的电压应力可降低、输出滤波器前端电压的频谱特性好、可实现三电平电压波等优点。

第13章　全桥全波型高频隔离式 TL 交-交直接变换器

13.1　引　　言

第12章对半桥全波型高频隔离式 TL 交-交直接变换器进行了研究,分析了该变换器的控制原理和稳态原理,推导了输出电压和输出滤波电流的表达式,分析了输出滤波器前端电压的频谱特性,并在理论分析的基础上进行了仿真验证。

本章研究所提出的全桥全波型高频隔离式 TL 交-交直接变换器,分析该变换器的控制原理、稳态工作原理和外特性,推导输出电压和输出滤波电流的表达式,并给出仿真验证。

13.2　电 路 拓 扑

全桥全波型高频隔离式 TL 交-交直接变换器的电路拓扑如图 13.1 所示。其中,$S_{c1a} \sim S_{c4b}$ 为箝位功率开关。该变换器具有高频电气隔离、两级功率变换(LFAC-HFAC-LFAC)、双向功率流、输入侧功率因数高、功率密度高、功率开关电压应力可降低、负载适应能力强、适用于高压输入/中低压输出的交流电能变换等优点,能够将一种不稳定、畸变的高压交流电变换成同频率、稳定或可调的优质正弦交流电[53~55]。

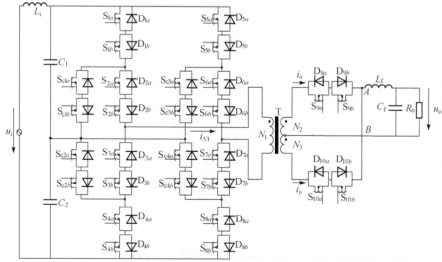

图 13.1　全桥全波型高频隔离式 TL 交-交直接变换器的电路拓扑

13.3　控　制　原　理

全桥全波型高频隔离式 TL 交-交直接变换器,可以采用单极性移相控制策略。运用有源箝位技术,TL 变换器将经过输入滤波器后的输入电压 u_i 调制成双极性多电平的高频电压波 u_{N1},周波变换器将其解调成单极性、三电平的 SPWM 波,再经过输出滤波器后得到正弦电压 u_o。

在单极性移相控制策略中,S_{8a}、S_{1a} 与 S_{2a}(S_{7a})移相,移相角 θ 范围在 $0\sim90°$,其中 S_{1a} 和 S_{2a}(S_{7a})的驱动信号的占空比和相对位置不变,即一个开关周期中,u_{N1} 为零的时间不变。同理,S_{5a}、S_{4a} 与 S_{3a}(S_{6a})移相,其中 S_{4a} 和 S_{3a}(S_{6a})的驱动信号的占空比和相对位置不变。当输入电压 u_i 降低或负载变大时,导致输出电压 u_o 降低,移相控制使得移相 θ 变大,从而使得输出电压增大。因此,通过调节移相角 θ,便可实现输出电压的稳定或调节。

按照输出电压 u_o 和输出滤波电感电流 i_{Lf} 的极性划分,该变换器有四种工作模式 $1(u_o>0,i_{Lf}>0)$、$2(u_o<0,i_{Lf}>0)$、$3(u_o<0,i_{Lf}<0)$、$4(u_o>0,i_{Lf}<0)$。阻性负载时,变换器依次工作在工作模式 1 和 3;感性负载时,变换器依次工作在工作模式 1、2、3 和 4;容性负载时,变换器依次工作在工作模式 1、4、3 和 2。

该变换器的工作模式 1 和 3 时的控制原理波形如图 13.2 所示,可以看出 S_{8a}

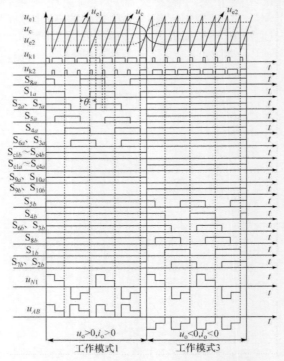

图 13.2　工作模式 1 和 3 的控制原理波形

与 $S_{2a}(S_{7a})$ 之间的移相角为 θ。当变换器工作于工作模式 1 时,输出电压反馈信号与基准正弦电压信号比较,经 PI 调节器后得到电压误差放大信号 u_{e1},u_{e1} 与高频锯齿载波 u_c 比较后得到信号 u_{k1},将 u_{e1} 的反相信号 u_{e2} 与 u_c 比较后得到信号 u_{k2},引入输入电压极性信号后,再经过一系列逻辑变换,即可得到各个功率开关的控制信号。

13.4　稳　态　原　理

以工作模式 1 为例,分析该变换器的稳态原理和输出电压、输出滤波电感电流的表达式。当变换器 CCM 时,其稳态原理波形如图 13.3 所示。其中,i_{N1}、u_{N1} 分别为变压器原边绕组电流和电压;i_a、i_b 分别为变压器副边的周波变换器的两条支路电流;u_{AB} 为输出滤波器前端电压。

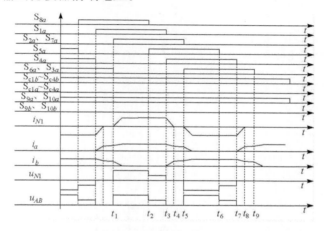

图 13.3　CCM 时变换器的稳态原理波形

变换器 CCM 时在一个开关周期 $[t_1, t_9]$ 内,共有八个开关模态,如图 13.4 所示。

(1) 开关模态 1 $[t_1, t_2]$:t_1 时刻前,原边绕组电压 u_{N1} 为零,原边绕组电流 i_{N1} 为零,输出滤波电感电流 i_{Lf} 经 S_{9a}、D_{9b}、S_{10a}、D_{10b} 两路流通;t_1 时刻,S_{6a}、S_{3a} 关断,S_{7b}、S_{2a} 开通;i_{N1} 经 S_{1a}、$S_{1b}(D_{1b})$、S_{2a}、$S_{2b}(D_{2b})$、S_{7a}、$S_{7b}(D_{7a})$、S_{8a}、$S_{8b}(D_{8b})$ 流通,$u_{N1} = u_i$,i_{Lf} 经 S_{9a}、$S_{9b}(D_{9a})$ 流通,输出滤波器前端电压 $u_{AB} = u_i N_2 / N_1$,如图 13.4(a) 所示。

(2) 开关模态 2 $[t_2, t_3]$:t_2 时刻,S_{8a} 零电压关断,S_{8a} 的漏源电压被箝位在 $1/2 u_i$,S_{5a} 开通,i_{N1} 经 S_{1a}、$S_{1b}(D_{1b})$、S_{2a}、$S_{2b}(D_{2b})$、S_{7a}、$S_{7b}(D_{7b})$、S_{c4b}、D_{c4a} 流通,$u_{N1} = 1/2 u_i$,i_{Lf} 经 S_{9a}、$S_{9b}(D_{9a})$ 流通,$u_{AB} = u_i N_2 / (2 N_1)$,如图 13.4(b) 所示。

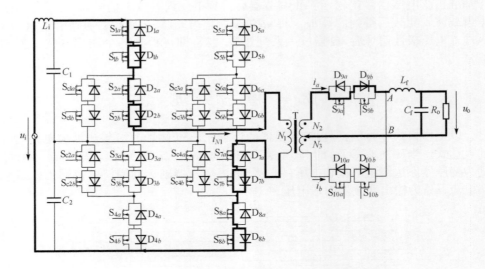

(a) 开关模态1

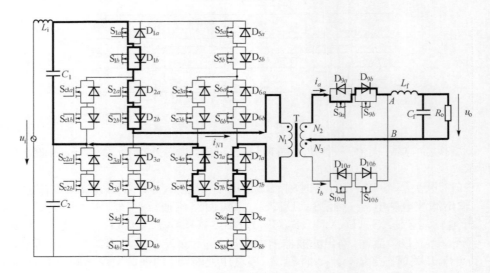

(b) 开关模态2

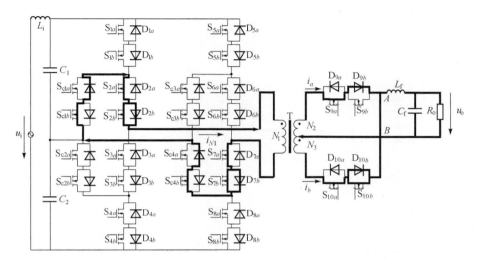

(c) 开关模态3

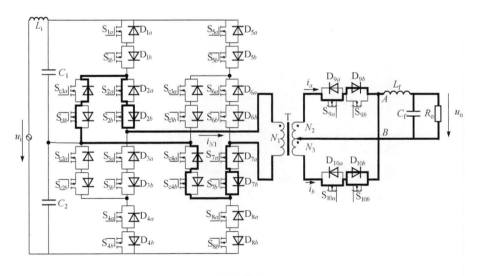

(d) 开关模态4

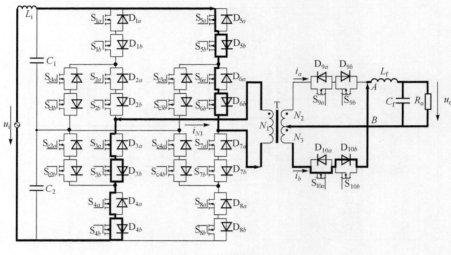

(e) 开关模态5

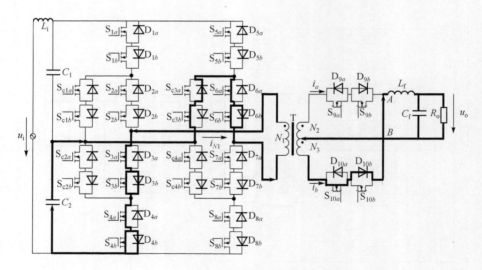

(f) 开关模态6

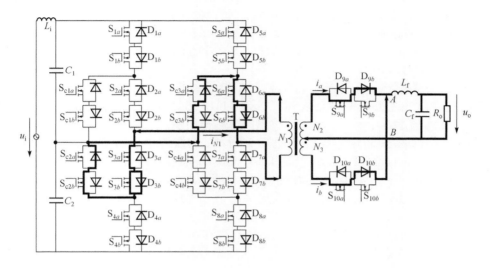

(g) 开关模态7

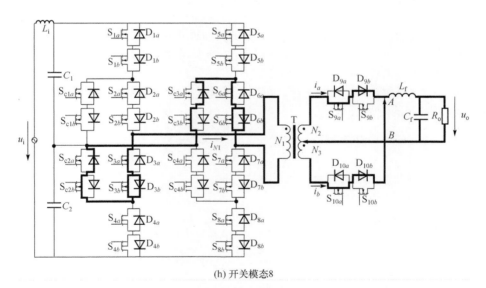

(h) 开关模态8

图 13.4　CCM 时一个开关周期内的八个开关模态

（3）开关模态 3$[t_3,t_4]$：t_4 时刻，S_{1a} 零电压关断，S_{1a} 的漏源电压被箝位在 $u_i/2$，S_{4a} 开通，i_{N1} 经 S_{2a}、$S_{2b}(D_{2b})$、S_{7a}、$S_{7b}(D_{7b})$、S_{c4b}、D_{c4a}、S_{c1b}、D_{c1a} 流通，$u_{N1}=0$，i_{Lf} 开始经 S_{9a}、D_{9b}、S_{10a}、D_{10b} 两路流通，此时，$i_a>i_b$，i_{N1} 依然存在，$u_{AB}=0$，如图 13.4(c)所示。

（4）开关模态 4$[t_4,t_5]$：i_{Lf} 经 S_{9a}、D_{9b}、S_{10a}、D_{10b} 两路流通，此时 $i_a=i_b$，$i_{N1}=0$，$u_{N1}=0$，$u_{AB}=0$，如图 13.4(d)所示。

（5）开关模态 5$[t_5,t_6]$：S_{2a}、S_{7a} 同时零电压关断，i_a 开始变小，i_b 逐渐增大，i_{N1} 反向，经 S_{5a}、$S_{5b}(D_{5b})$、$S_{6a}(D_{6a})$、S_{6b}、S_{4b}、$S_{4a}(D_{4b})$、S_{3b}、$S_{3a}(D_{3a})$ 流通，$u_{N1}=-u_i$，i_{Lf} 经 S_{10a}、D_{10b} 流通，$u_{AB}=-u_iN_2/N_1$，如图 13.4(e)所示。

（6）开关模态 6$[t_6,t_7]$：S_{5a} 零电压关断，S_{5a} 的漏源电压被箝位在 $u_i/2$，i_{N1} 经 S_{5a}、$S_{5b}(D_{5b})$、S_{3a}、$S_{3b}(D_{3b})$、S_{4a}、$S_{4b}(D_{4b})$、S_{c3b}、D_{c3a} 流通，$u_{N1}=-1/2u_i$，i_{Lf} 经 S_{10a}、D_{10b} 流通，$u_{AB}=-u_iN_2/(2N_1)$，如图 13.4(f)所示。

（7）开关模态 7$[t_7,t_8]$：S_{4a} 零电压关断，S_{4a} 的漏源电压被箝位在 $u_i/2$，i_{N1} 经 S_{5a}、$S_{5b}(D_{5b})$、S_{3a}、$S_{3b}(D_{3b})$、$S_{4a}(D_{4b})$、S_{c2b}、D_{c2a}、S_{c3b}、D_{c3a} 流通，$u_{N1}=0$，i_{Lf} 开始经 S_{9a}、D_{9b}、S_{10a}、D_{10b} 两路流通，此时，$i_a<i_b$，i_{N1} 依然存在，$u_{AB}=0$，如图 13.4(g)所示。

（8）开关模态 8$[t_8,t_9]$：i_{Lf} 经 S_{9a}、D_{9b}、S_{10a}、D_{10b} 两路流通，此时 $i_a=i_b$，$i_{N1}=0$，$u_{N1}=0$，$u_{AB}=0$，如图 13.4(h)所示。

13.5　输出电压与滤波电感电流的定量表达式

变换器稳态工作且 CCM 时，在一个开关周期内的八个开关模态有三种等效电路，如图 13.5 所示。图中，r 为包括变压器绕组电阻、漏抗、功率开关通态电阻、滤波电感寄生电阻等在内的等效电阻，$D_1(0.25{\leqslant}D_1{\leqslant}0.75)$、$D_2(D_2=0.25)$ 分别为 1 电平、0 电平模式下的占空比。可采用状态空间平均法，推导输出电压和输出滤波电感电流的定量表达式。

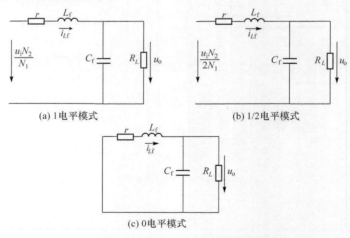

(a) 1电平模式　　　　　　　　　(b) 1/2电平模式

(c) 0电平模式

图 13.5　一个开关周期内的三种等效电路

图 13.5(a)所示等效电路的状态方程为

$$L_f \frac{\mathrm{d}i_{Lf}}{\mathrm{d}t} = -r i_{Lf} + u_i \frac{N_2}{N_1} - u_o \tag{13.1}$$

$$C_f \frac{\mathrm{d}u_o}{\mathrm{d}t} = i_{Lf} - \frac{u_o}{R_L} \tag{13.2}$$

图 13.5(b)所示等效电路的状态方程为

$$L_f \frac{\mathrm{d}i_{Lf}}{\mathrm{d}t} = -r i_{Lf} + \frac{u_i}{2} \frac{N_2}{N_1} - u_o \tag{13.3}$$

$$C_f \frac{\mathrm{d}u_o}{\mathrm{d}t} = i_{Lf} - \frac{u_o}{R_L} \tag{13.4}$$

图 13.5(c)所示等效电路的状态方程为

$$L_f \frac{\mathrm{d}i_{Lf}}{\mathrm{d}t} = -r i_{Lf} - u_o \tag{13.5}$$

$$C_f \frac{\mathrm{d}u_o}{\mathrm{d}t} = i_{Lf} - \frac{u_o}{R_L} \tag{13.6}$$

将式(13.1)乘以 D_1，加上式(13.3)乘以 $(1-D_1-D_2)$，再加上式(13.5)乘以 D_2，同样地将式(13.2)乘以 D_1，加上式(13.4)乘以 $(1-D_1-D_2)$，再加上式(13.6)乘以 D_2，令 $\mathrm{d}i_{Lf}/\mathrm{d}t=0$，$\mathrm{d}u_o/\mathrm{d}t=0$，可得状态变量的稳态值为

$$U_o = U_i \frac{N_2}{N_1} \frac{1+D_1-D_2}{2} \frac{R_L}{r+R_L} \tag{13.7}$$

$$I_{Lf} = U_i \frac{N_2}{N_1} \frac{1+D_1-D_2}{2} \frac{1}{r+R_L} \tag{13.8}$$

13.6　外　特　性

13.6.1　理想情形

由式(13.7)可知，理想情形($r=0$)且 CCM 模式时变换器的外特性为

$$U_o = U_i \frac{N_2}{N_1} \frac{1+D_1-D_2}{2} = \frac{U_i}{n} \frac{1+D_1-D_2}{2} \tag{13.9}$$

式中，$n=N_1/N_2$。输出滤波电感电流临界 CCM 和 DCM 时的原理波形，如图 13.6 所示。

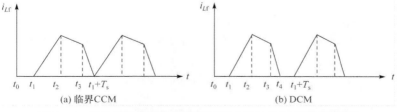

图 13.6　输出滤波电感电流临界 CCM 和 DCM 时的原理波形

　　变换器工作在输出滤波电感电流临界 CCM 时,如图 13.6(a)所示。当 $t=t_1\sim t_2$ 时有

$$u_i\frac{N_2}{N_1}-u_o=L_f\frac{i_{Lf}(t_2)}{D_1T_s/2} \tag{13.10}$$

当 $t=t_2\sim t_3$ 时有

$$\frac{u_i}{2}\frac{N_2}{N_1}-u_o=L_f\frac{i_{Lf}(t_3)-i_{Lf}(t_2)}{(1-D_2-D_1)T_s/2} \tag{13.11}$$

当 $t=t_3\sim t_1+T_s$ 时有

$$u_o=L_f\frac{i_{Lf}(t_3)}{D_2T_s/2} \tag{13.12}$$

由 $\left\{(t_2-t_1)i_{Lf}(t_2)+\left(t_1-t_3+\dfrac{T_s}{2}\right)i_{Lf}(t_3)+(t_3-t_2)[i_{Lf}(t_2)+i_{Lf}(t_3)]\right\}\Big/2=I_GT_s/2$ 可得

$$I_G=\frac{1}{2}i_{Lf}(t_2)\cdot(1-D_2)+\frac{1}{2}i_{Lf}(t_3)\cdot(1-D_1) \tag{13.13}$$

由式(13.9)、式(13.10)和式(13.12)可得,输出电感电流临界连续时的负载电流 I_G 为

$$I_G=\frac{1}{8}\frac{U_i}{n}\frac{T_s}{L_f}(D_1+D_2-D_1^2-D_2^2) \tag{13.14}$$

令 $D_2=0.25$,可得

$$I_G=\frac{1}{8}\frac{U_i}{n}\frac{T_s}{L_f}\left(-D_1^2+D_1+\frac{3}{16}\right) \tag{13.15}$$

当 $D_1=0.5$ 时,I_G 取最大值为

$$I_{Gmax}=\frac{7}{128}\frac{U_i}{n}\frac{T_s}{L_f} \tag{13.16}$$

故理想情形且输出滤波电感电流临界连续时变换器的外特性为

$$I_G=\frac{16}{7}I_{Gmax}\left(-D_1^2+D_1+\frac{3}{16}\right) \tag{13.17}$$

　　变换器工作在 DCM 时,如图 13.6(b)所示。当 $t=t_1\sim t_2$ 有

$$u_i\frac{N_2}{N_1}-u_o=L_f\frac{i_{Lf}(t_2)}{D_1T_s/2} \tag{13.18}$$

当 $t=t_2\sim t_3$ 时有

$$\frac{u_i}{2}\frac{N_2}{N_1}-u_o=L_f\frac{i_{Lf}(t_3)-i_{Lf}(t_2)}{(1-D_2-D_1)T_s/2} \tag{13.19}$$

当 $t=t_3\sim t_4$ 时有

$$u_o=L_f\frac{i_{Lf}(t_3)}{t_4-t_3} \tag{13.20}$$

令 $D_2=0.25$,由式(13.18)、式(13.19)和式(13.20)可得

$$t_4-t_3=\frac{4U_iD_1+3U_i-6nU_o}{16n}\frac{T_s}{U_o} \tag{13.21}$$

输出负载电流 I_o 满足

$$\frac{1}{2}(t_2-t_1)i_{Lf}(t_2)+\frac{1}{2}(t_4-t_3)i_{Lf}(t_3)+\frac{1}{2}(t_3-t_2)\left[i_{Lf}(t_2)+i_{Lf}(t_3)\right]=I_oT_s/2$$

（13.22）

由式（13.16）、式（13.18）~式（13.22），可得

$$I_o=\frac{T_s}{4L_f}\left[\left(D_1+\frac{3}{4}\right)^2\frac{U_i^2}{4n^2U_o}-\left(D_1^2+\frac{9}{16}\right)\frac{U_i}{2n}\right]=I_{Gmax}\left[\frac{8U_i}{7nU_o}\left(D_1+\frac{3}{4}\right)^2-\frac{16}{7}\left(D_1^2+\frac{9}{16}\right)\right]$$

（13.23）

由式（13.16）和式（13.23），可得理想情形且 DCM 时变换器的外特性为

$$\frac{U_o}{U_i/n}=\frac{8\left[D_1+(3/4)\right]^2}{7(I_o/I_{Gmax})+16\left[D_1^2+(9/16)\right]}$$

（13.24）

13.6.2　实际情形

实际情形下，变换器的内阻 r 不为零，全桥全波型高频隔离式 TL 交-交直接变换器 CCM 时的外特性可由式（13.7）表示。

该变换器的标幺外特性 $U_o/(U_iN_2/N_1)=f(I_o/I_{Gmax})$ 如图 13.7 所示。曲线 A 为输出滤波电感电流临界 CCM 时的外特性曲线，式（13.17）决定；曲线 A 右边为 CCM 时的外特性曲线，实线为理想情形时曲线，由式（13.9）决定；虚线为实际情形时曲线，由式（13.7）决定，可见随负载增加，输出电压下降；曲线 A 左边为 DCM 时外特性曲线，由式（13.26）决定。

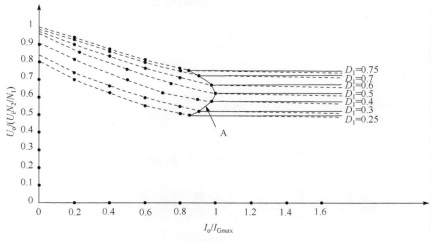

图 13.7　变换器的标幺外特性

13.7　仿　真　实　验

仿真实例：单极性移相控制策略，输入电压 $U_i=220V(\pm10\%,50Hz\ AC)$，输

出电压 $U_o = 110V(50Hz\ AC)$,额定容量 $S = 500VA$,负载功率因数 $\cos\varphi_L = -0.75 \sim 0.75$,开关频率 $f_s = 50kHz$,变压器匝比为 $N_1 : N_2 : N_3 = 1 : 1.127 : 1.127$,输入滤波电感 $L_i = 10\mu H$,输入分压电容 $C_1 = C_2 = 4.75\mu F$,输出滤波电感 $L_f = 500\mu H$,输出滤波电容 $C_f = 4.75\mu F$。

全桥全波型高频隔离式 TL 交-交直接变换器感性负载时的主要仿真波形如图 13.8 所示。图 13.8(a)为功率开关 S_{2a}、S_{2b} 的驱动电压和漏源电压,可以看出功率开关的电压应力得到了降低。图 13.8(b)和(c)为变压器原边绕组电压、输出滤波器前端电压、原边绕组电流及其展开波形,可见变压器绕组电压为双极性、ML 高频脉冲波,输出滤波器前端电压为单极性、TL 脉冲波。图 13.8(d)为输入电压、输出电压和电流、输出滤波电感电流波形,可以看出输出波形具有较小的 THD,变换器可以实现双向功率流,具有强的负载适应能力。

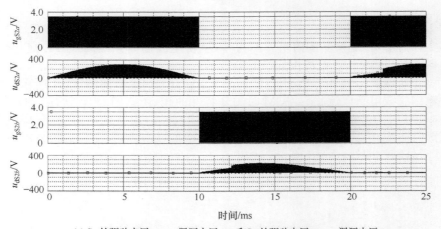

(a) S_{2a} 的驱动电压 u_{gS2a}、漏源电压 u_{dS2a} 和 S_{2b} 的驱动电压 u_{gS2b}、漏源电压 u_{dS2b}

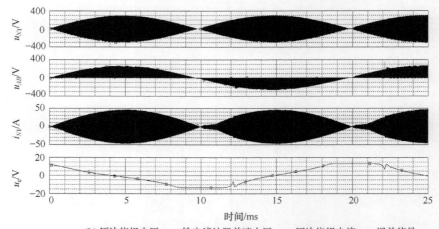

(b) 原边绕组电压 u_{N1}、输出滤波器前端电压 u_{AB}、原边绕组电流 i_{N1}、误差信号 u_e

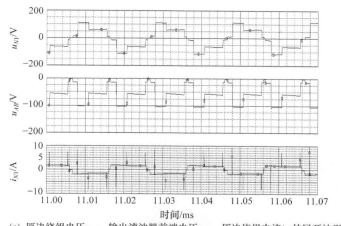

(c) 原边绕组电压u_{N1}、输出滤波器前端电压u_{AB}、原边绕组电流i_{N1}的展开波形

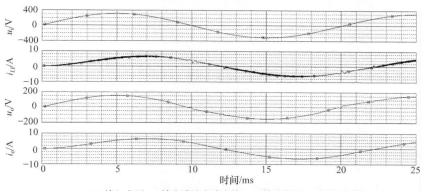

(d) 输入电压u_i、输出滤波电感电流i_{Lf}、输出电压u_o、输出电流i_o

图 13.8　全桥全波型高频隔离式 TL 交-交直接变换器感性负载时的主要仿真波形

本 章 小 结

　　本章研究了所提出的全桥全波型高频隔离式 TL 交-交直接变换器,分析了该变换器的单极性移相控制策略和稳态工作原理,推导了输出电压和输出滤波电流的表达式;并在理论分析的基础上,进行了仿真分析。仿真实验结果表明,该变换器具有输出波形质量较好、功率开关的电压应力可降低、输出滤波器前端为三电平低频电压波、负载适应能力强、适用于高压输入、大功率交-交变换等优点。仿真结果与理论分析一致。

第 14 章　Boost 型高频隔离式 TL 交-交直接变换器

14.1　引　言

第 9～13 章提出了一类 Buck 型高频隔离式 TL 交-交直接变换器,对单端正激式、推挽式、半桥式和全桥式拓扑的控制原理、稳态工作原理和外特性、磁复位需满足的条件、输出滤波器前端电压的谐波特性进行了分析,并进行了仿真和实验验证。

本章提出一类 Boost 型高频隔离式 TL 交-交直接变换器的电路拓扑族,包括单端 Boost 型、推挽倍压 Boost 型、推挽全波 Boost 型、推挽全桥 Boost 型和全桥 Boost 型拓扑;重点对推挽倍压 Boost 型拓扑的控制原理和工作原理进行分析,并给出原理实验结果。

14.2　电路拓扑族

Boost 型高频隔离式 TL 交-交直接变换器的电路拓扑族如图 14.1 所示,包括单端 Boost 型、推挽倍压 Boost 型、推挽全波 Boost 型、推挽全桥 Boost 型和全桥 Boost 型拓扑。该类变换器可以将一种不稳定的、畸变的交流电压变换为另一种同频、稳定或可调的优质正弦交流电压,具有输入侧功率因数高、高频电气隔离、两级功率变换、双向功率流、开关管的电压应力可降低等优点[56]。

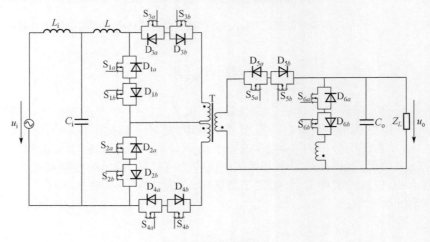

(a) 单端Boost型

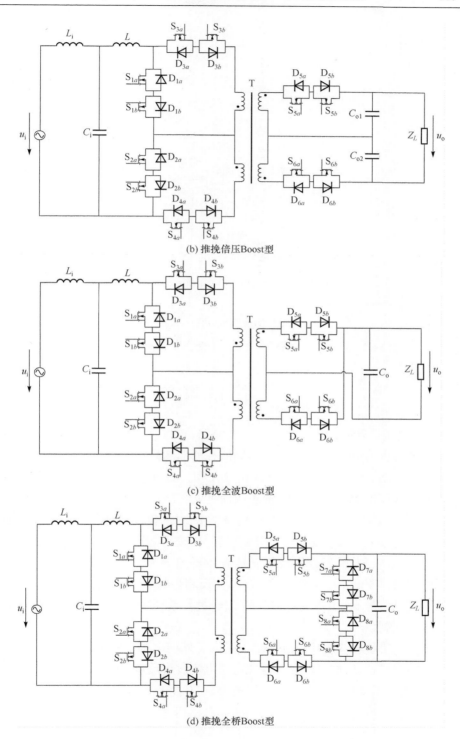

(b) 推挽倍压Boost型

(c) 推挽全波Boost型

(d) 推挽全桥Boost型

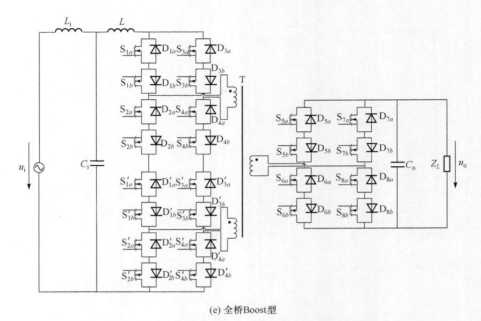

(e) 全桥Boost型

图 14.1　Boost 型高频隔离式 TL 交-交直接变换器的电路拓扑族

14.3　控制策略

　　Boost 型高频隔离式 TL 交-交直接变换器,可以采用交错移相双闭环控制策略。以推挽倍压 Boost 型拓扑为例,控制原理波形和控制框图如图 14.2 所示。其中,S_1(由 S_{1a}、D_{1a}、S_{1b}、D_{1b} 构成)~S_4(由 S_{4a}、D_{4a}、S_{4b}、D_{4b} 构成)均为四象限功率开关。将输出电压反馈信号 u_{of} 与基准正弦信号 u_{sin} 经误差比较器 1(PI 调节器)比较后,得到两者的误差放大信号 u_e,将该信号作为电流环的基准电流,再与储能电感电流的采样信号 i_f 经误差放大器 2(P 调节器)比较后,得到储能电感电流的误差信号 i_e,其绝对值 $|i_e|$ 与高频锯齿载波 u_r 比较后得到 SPWM 信号 u_{f3},u_r 经过零比较器得到的信号再下降沿二分频得到 u_{f1},将其反相得到 u_{f2},u_{f1}、u_{f2}、u_{f3} 与输入电压 u_i 的正半周选通信号 u_p、负半周选通信号 u_n 经过一系列逻辑变换后,最终可得到各个开关管的控制信号。

　　由于在交错移相双闭环控制策略中引入了储能电感电流的内环控制,不仅加快了系统的响应速度,而且改善了储能电感电流波形质量,从而提高了输入侧的功率因数,还提高了变换器的限流和短路能力。

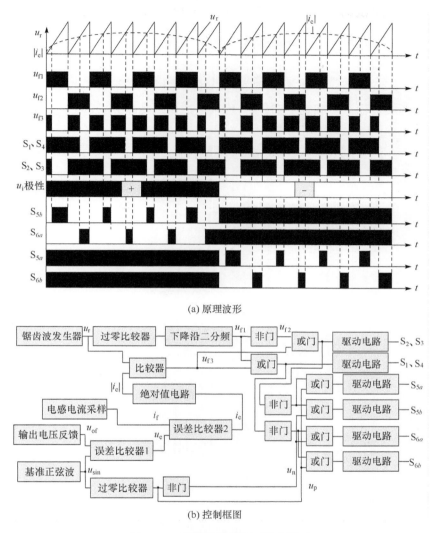

(a) 原理波形

(b) 控制框图

图 14.2　交错移相双闭环控制策略

在交错移相双闭环控制策略中,交错移相是指高频变压器副边侧的周波变换器相对于原边侧的 TL 变换器移相 θ 角度,TL 变换器的开关管交错半个周期导通。输入电压 $u_i > 0$ 和储能电感电流 $i_L > 0$ 时的原理波形,如图 14.3 所示,其中 u_{N3} 为变压器副边绕组 N_3 上的感应电压。其中,四象限功率开关 S_1(含 S_{1a}、S_{1b})、S_4(含 S_{4a}、S_{4b})和 S_2(含 S_{2a}、S_{2b})、S_3(含 S_{3a}、S_{3b})的控制信号在相位上相差 $180°$,其占空比 D 均大于 0.5;功率开关 S_{5b} 和 S_{6a} 的控制信号在相位上也相差 $180°$,其占空比 $1-D$ 均小于 0.5;S_{5a} 和 S_{6b} 保持常通。由图 14.3 可得,S_{5b} 相对于 S_1(S_4)、S_{6a} 相

对于 $S_2(S_3)$ 的延时时间 $D_1 T_s$ 和对应的移相角 θ 为

$$D_1 T_s = \frac{1}{2} T_s - D_2 T_s = \frac{1}{2} T_s - (T_s - D T_s) = \left(D - \frac{1}{2}\right) T_s \quad (14.1)$$

$$\theta = \frac{D_1 T_s}{T_s} \times 360° = \left(D - \frac{1}{2}\right) \times 360° \quad (14.2)$$

当输入电压或者输出负载发生变化时,可以通过调节功率开关的占空比 D 或移相角 θ 来实现输出电压的稳定或调节。

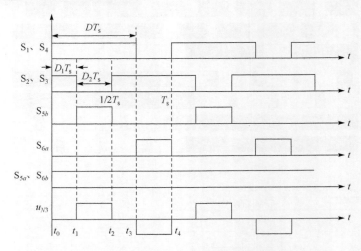

图 14.3　　$u_i > 0$ 和 $i_L > 0$ 时的原理波形

14.4　工　作　原　理

14.4.1　工作模态分析

在一个开关周期 $T_s [t_0, t_4]$ 内,该变换器稳态工作时有四个工作模态,如图 14.4 所示。具体分析如下:

(1) 工作模态 1$[t_0, t_1]$:四象限功率开关 $S_1 \sim S_4$ 继续保持导通,输入电压 u_i 继续给储能电感 L 充电,储能电感电流 i_L 线性上升,变压器的原副边绕组电压均为 0,输出负载 Z_L 由电容 C_{o1}、C_{o2} 提供能量,如图 14.4(a) 所示。

(2) 工作模态 2$[t_1, t_2]$:t_1 时刻,四象限功率开关 S_2 和 S_3 关断,功率开关 S_{5b} 开通,电感电流 i_L 经 S_1、S_4 从 N_2 中流过,副边绕组 N_3、S_{5a}、S_{5b}、C_{o1}、C_{o2} 和 Z_L 构成电流回路,此阶段输入电源和储能电感一起经变压器向电容 C_{o1}、C_{o2} 和负载 Z_L 提供能量,$u_{N3} = u_o/2$,如图 14.4(b) 所示。

（3）工作模式 3$[t_2,t_3]$：与工作模式 1 相同，如图 14.4(a) 所示。

（4）工作模式 4$[t_3,t_4]$：与工作模式 2 类似，此阶段，i_L 经 S_2、S_4 从 N_1 流过，副边绕组 N_4、S_{6a}、S_{6b}、C_{o2}、C_{o1} 和 Z_L 构成回路，输入电源和储能电感一起经变压器向电容 C_{o1}、C_{o2} 和负载 Z_L 提供能量，$u_{N3}=-u_o/2$，如图 14.4(c) 所示。

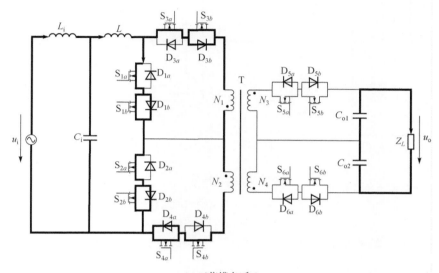

(a) 工作模态1和3

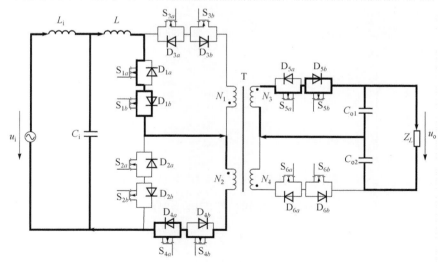

(b) 工作模态2

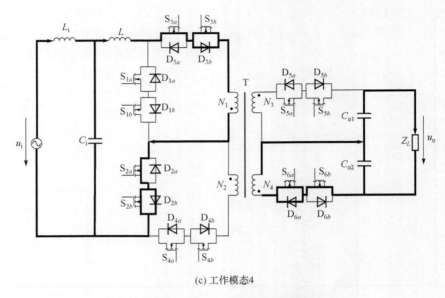

(c) 工作模态4

图 14.4　一个开关周期内的工作模态

14.4.2　实际的等效电路建模

变换器工作模态的等效电路,如图 14.5 所示。其中,S_{eq1} 和 S_{eq2} 分别为变压器原边侧和副边侧的等效功率开关;电阻 r 为等效电阻,包括电感和变压器绕组的等效阻抗、线路阻抗和开关管的内阻等;n 为变压器匝比,$n = N_4/N_1 = N_3/N_2$。

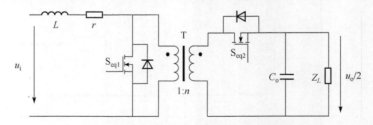

图 14.5　变换器工作模态的实际等效电路图

当等效开关管 S_{eq1} 开通、S_{eq2} 关断时,储能电感电流的增长量为

$$\Delta i_{(+)} = \frac{u_i - r i_{Lmin}}{L} D_1 T_s \tag{14.3}$$

当等效开关管 S_{eq1} 关断、S_{eq2} 开通时,电感 L 的下降量为

$$\Delta i_{(-)} = \frac{u_o/(2n) - (u_i - r i_{Lmax})}{L} D_2 T_s \tag{14.4}$$

在变换器稳态工作时,一个开关周期内电感电流增长量等于其下降量,即

$$\Delta i_{(+)} = \Delta i_{(-)} \tag{14.5}$$

由式(14.3)、式(14.4)和式(14.5)可得

$$U_o = \frac{n(U_i - rI_L)}{1-D} \tag{14.6}$$

此外,储能电感电流 i_L 和输出电流 i_o 分别满足以下关系式: $I_L = nI_o/(1-D)$, $I_o = U_o/R_L$。则有

$$\frac{U_o}{U_i} = \frac{n(1-D)}{(1-D)^2 + n^2 r/R_L} \tag{14.7}$$

$$I_L = \frac{U_i}{(1-D)^2 R_L/n^2 + r} \tag{14.8}$$

14.4.3　开关管电压应力分析

通过对稳态原理分析,推挽倍压 Boost 型高频隔离式 TL 交-交直接变换器在 $u_i > 0$ 和 $i_L > 0$ 时,功率开关的电压应力如表 14.1 所示。由表可知,与相应的两电平拓扑相比,该变换器的功率开关的电压应力得到了降低。

表 14.1　u_i 0 和 i_L 0 时功率开关的电压应力

开关管	工作模态 1	工作模态 2	工作模态 3	工作模态 4
$S_1(S_4)$	0	0	0	$u_o/(2n)$
$S_2(S_3)$	0	$u_o/(2n)$	0	0
S_{5a}	0	0	0	0
S_{5b}	$u_o/2$	0	$u_o/2$	u_o
S_{6a}	$u_o/2$	u_o	$u_o/2$	0
S_{6b}	0	0	0	0

14.5　原理实验

原理样机的主要参数:推挽倍压 Boost 型拓扑,交错移相双闭环控制策略,输入电压 $U_i = 110\text{V}(\pm10\%, 50\text{Hz AC})$,输出电压 $U_o = 275\text{V}(50\text{Hz AC})$,输出容量 $S_o = 500\text{VA}$,开关频率 $f_s = 50\text{kHz}$,输入滤波电感 $L_i = 30\mu\text{H}$,输入滤波电容 $C_i = 6.6\mu\text{F}$,储能电感 $L = 850\mu\text{H}$,输出滤波电容 $C_{o1} = C_{o2} = 6.6\mu\text{F}$,变压器匝比 $n=1$,

开关管均选用 MOSFET IRFP460（20A/500V），开关管两端的缓冲电阻为 10Ω/2W，缓冲电容选用 2.2nF/1000V 的高压瓷片电容。

原理实验波形如图 14.6 所示。图 14.6(a)给出了四象限功率开关 $S_1(S_4)$ 和 $S_2(S_3)$ 的控制信号，可见 $S_1(S_4)$ 与 $S_2(S_3)$ 交错 180°导通。由图 14.6(b)可见，S_{5a}、S_{6b} 在 $u_i > 0$ 时保持常通，$u_i < 0$ 时高频斩波，也是交错 180°导通。图 14.6(c)为输出电压波形，可见输出电压具有较小的 THD。图 14.6(d)和(e)为变压器副边绕组 N_3 的电压波形及其展开图，可以看出绕组电压为双极性、三电平的高频脉冲波。图 14.6(f)为功率开关 S_{1a} 的漏源电压波形，可见在变压器匝比 $n=1$ 时，TL 变换器的功率开关的电压应力为 1/2 的输出电压，与两电平的推挽式 Boost 型交-交直接变换器相比，电压应力得到了降低。图 14.6(g)为功率开关 S_{6a} 的漏源电压波形，可以看出在一个开关周期内变换器有四种工作模态。实验结果与理论分析一致。

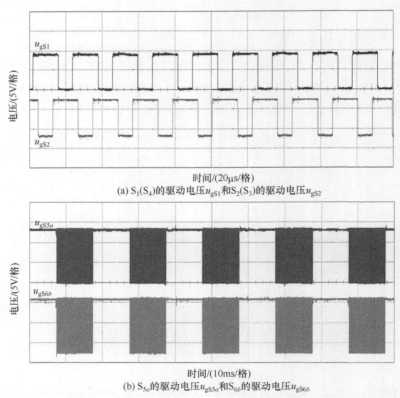

(a) $S_1(S_4)$ 的驱动电压 u_{gS1} 和 $S_2(S_3)$ 的驱动电压 u_{gS2}

(b) S_{5a} 的驱动电压 u_{gS5a} 和 S_{6b} 的驱动电压 u_{gS6b}

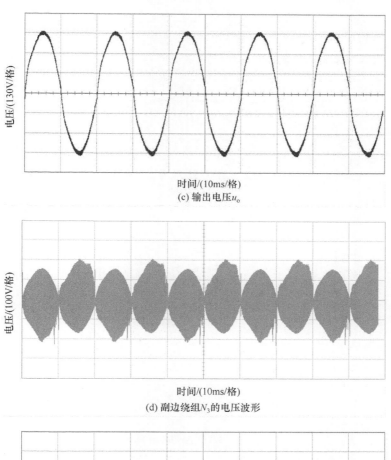

时间/(10ms/格)

(c) 输出电压u_o

时间/(10ms/格)

(d) 副边绕组N_3的电压波形

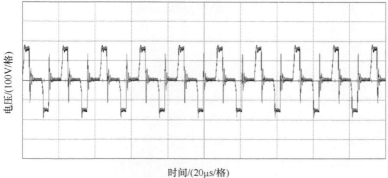

时间/(20μs/格)

(e) 副边绕组N_3电压的展开波形

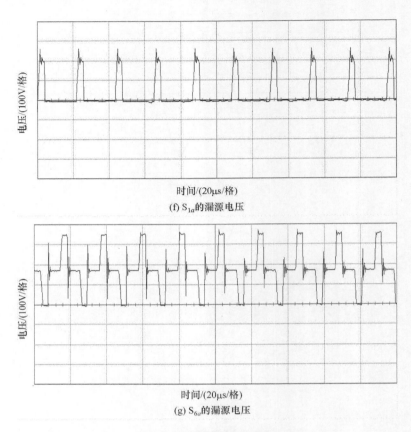

(f) S_{1a}的漏源电压

(g) S_{6a}的漏源电压

图 14.6　原理实验波形

本 章 小 结

　　本章提出了一类 Boost 型高频隔离式 TL 交-交直接变换器,包括单端 Boost 型、推挽倍压 Boost 型、推挽全波 Boost 型、推挽全桥 Boost 型和全桥 Boost 型拓扑。该类变换器可以将一种不稳定、畸变的交流电变换为另一种同频稳定或可调的正弦交流电,具有输入侧功率因数高、高频电气隔离、两级功率变换、双向功率流、开关管的电压应力可降低等优点;重点分析了推挽倍压 Boost 型拓扑的交错移相双闭环控制策略,分析了稳态工作原理,推导了输出电压和输入电压的关系表达式,分析了开关管在不同模态下的电压应力;在理论分析的基础上,进行了原理实验,原理实验结果与理论分析一致。

第 15 章 Buck-Boost 型高频隔离式 TL 交-交直接变换器

15.1 引 言

第 14 章提出了一类 Boost 型高频隔离式 TL 交-交直接变换器,包括单端 Boost 型、推挽倍压 Boost 型、推挽全波 Boost 型、推挽全桥 Boost 型和全桥 Boost 型拓扑;重点对推挽倍压 Boost 型拓扑的控制原理和工作原理进行了分析,并给出了原理实验结果。

本章提出一类 Buck-Boost 型高频隔离式 TL 交-交直接变换器的电路结构与拓扑族,对该变换器的控制原理、稳态原理和外特性进行分析,并在理论分析的基础上给出仿真验证。

15.2 电路结构及其拓扑族

Buck-Boost 型高频隔离式 TL 交-交直接变换器的电路结构,如图 15.1 所示[57]。该电路结构由输入高压交流电源、输入滤波器、TL 变换器、高频储能式变压器、周波变换器、输出滤波器和输出交流负载构成,其中 TL 变换器由两个四象限功率开关和一个四象限箝位功率开关构成。该变换器能够将不稳定的高压、劣质交流电变换成同频、稳定或可调的优质正弦交流电,具有高频电气隔离、两级功率变换、拓扑较简洁、适用于高压输入/中低压输出的交-交变换场合等特点。

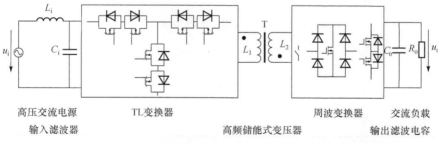

图 15.1 Buck-Boost 型高频隔离式 TL 交-交直接变换器的电路结构

当输入高压交流电源向交流负载传递功率时,TL 变换器将其调制成双极性、三电平的高频交流电压波,再经过高频储能式变压器的隔离、传输后,周波变换器将其解调为单极性的低频电压波,最后通过输出滤波器滤波,在交流负载端得到了稳定或可调的优质正弦电压。反之,当交流负载向输入高压交流电源回馈能量时,周波变换器工作在调制状态,而 TL 变换器工作在解调状态。

　　Buck-Boost 型高频隔离式 TL 交-交直接变换器的电路拓扑族主要包括单端式和双端式两种,如图 15.2 所示。相对于单端式拓扑,双端式拓扑适用于更大的功率输出场合。

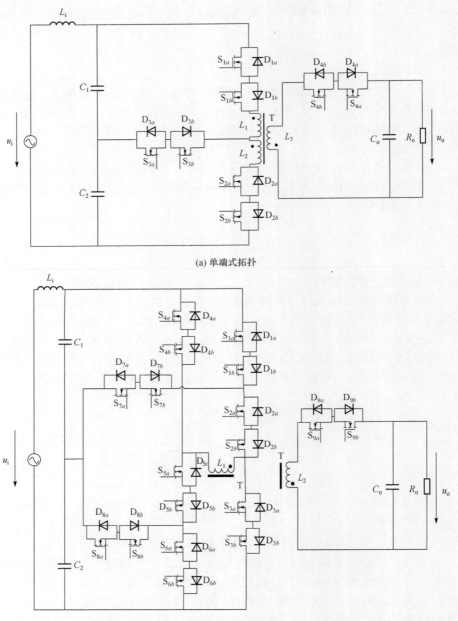

(a) 单端式拓扑

(b) 双端式拓扑

图 15.2　Buck-Boost 型高频隔离式 TL 交-交直接变换器的电路拓扑族

15.3　控　制　原　理

Buck-Boost 型高频隔离式 TL 交-交直接变换器,可以采用具有输入电压极性和工作模式选择的电压瞬时值反馈控制方案。以单端式拓扑为例,其感性负载时的控制原理波形如图 15.3 所示。

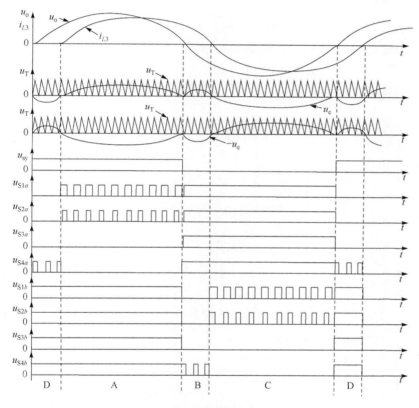

图 15.3　感性负载时的控制原理波形

首先将输出正弦交流电压的采样信号与基准正弦信号进行比较,经过 PI 调节器后得到误差放大信号 u_e,将 u_e 和其反相信号 $-u_e$ 分别与高频锯齿载波 u_T 进行比较,引入输入电压极性信号 u_{sy},再经过一系列逻辑变换后即可得到各个功率开关的控制信号。通过调节功率开关的控制信号的占空比,即可实现输出电压的稳定与调节。

　　按照输出电压 u_o 和副边绕组 L_3 中电流 i_{L3} 的极性,该变换器可分为四种工作模式 A、B、C、D。当交流负载与输出滤波电容的并联阻抗分别等效为感性、容性、阻性时,工作模式的顺序依次为 A—B—C—D、D—C—B—A、A—C。

15.4　稳态分析

15.4.1　工作模式分析

　　以模式 A 为例,对变换器 DCM 时的工作模式进行分析。当 $u_o>0$、$i_{L3}>0$ 时,变换器工作在模式 A,开关管 S_{1a}、S_{2a} 高频斩波,$S_{1b}\sim S_{4b}$ 常通,S_{3a}、S_{4a} 处于常断状态,此时由输入高压交流电源向交流负载供电。模式 A 共有四种开关模式,如图 15.4 所示。

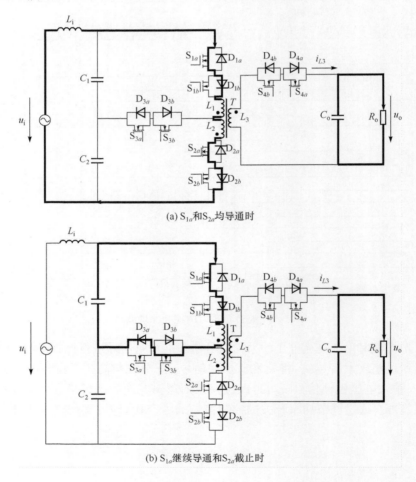

(a) S_{1a} 和 S_{2a} 均导通时

(b) S_{1a} 继续导通和 S_{2a} 截止时

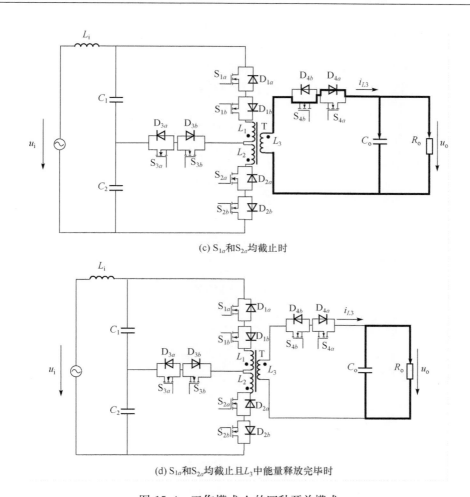

(c) S_{1a} 和 S_{2a} 均截止时

(d) S_{1a} 和 S_{2a} 均截止且 L_3 中能量释放完毕时

图 15.4　工作模式 A 的四种开关模式

　　当开关管 S_{1a}、S_{2a} 均导通时，u_i、L_i、S_{1a}、D_{1b}、L_1、L_2、S_{2a}、D_{2b} 构成了原边电流回路，此时 u_i 向 L_1 和 L_2 中储能，原边绕组电压 $u_1 = u_2 = u_i/2$，副边绕组电压 $u_3 = u_i/(2n)$，其中 $n = N_1/N_3 = N_2/N_3$，如图 15.4(a) 所示；当开关管 S_{2a} 截止、S_{1a} 继续导通时，C_1、S_{1a}、D_{1b}、L_1、S_{3b}、D_{3a} 构成了原边电流回路，此时 C_1 向 L_1 中储能，$u_1 = u_2 = u_i/2$，$u_3 = u_i/(2n)$，如图 15.4(b) 所示；当 S_{1a}、S_{2a} 均截止时，L_3、S_{4b}、D_{4a}、C_o、R_o 构成了副边电流回路，此时 L_3 中的能量释放给 C_o 和 R_o，$u_3 = -u_o$，$u_1 = u_2 = -nu_o$，如图 15.4(c) 所示；当 S_{1a} 和 S_{2a} 均截止且 L_3 中能量释放完毕后，由 C_o 向 R_o 提供能量，$u_1 = u_2 = u_3 = 0$，如图 15.4(d) 所示。

15.4.2　稳态原理

该变换器稳态工作且 CCM 模式时,在一个开关周期内 T_s 可分为三个状态,其等效电路如图 15.5 所示。其中,r_1 为包括原边绕组 N_1、功率开关 S_{1a} 的通态电阻

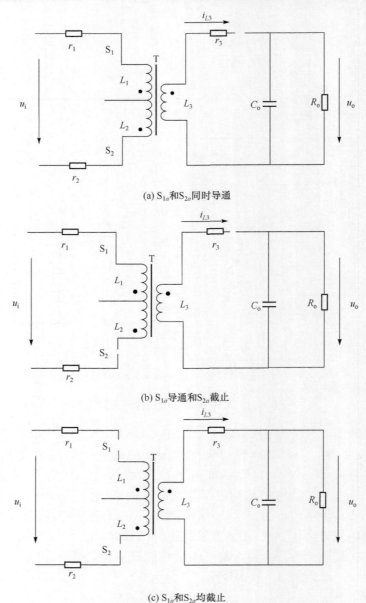

(a) S_{1a} 和 S_{2a} 同时导通

(b) S_{1a} 导通和 S_{2a} 截止

(c) S_{1a} 和 S_{2a} 均截止

图 15.5　工作模式 A 且 CCM 时一个开关周期内的等效电路

和二极管 D_{1b} 的正向压降在内的等效电阻；r_2 为包括 N_2、S_{2a} 的通态电阻和 D_{2b} 的正向压降在内的等效电阻；r_3 为包括 N_3、S_{4b} 的通态电阻和 D_{4a} 的正向压降在内的等效电阻。

设 S_{1a} 的占空比为 D_1，S_{2a} 的占空比为 D_2，可采用状态空间平均法建立输出电压 u_o 和输入电压 u_i 的关系式。图 15.5(a)所示等效电路的状态方程为

$$L_1 \frac{(N_1+N_2)^2}{N_1^2} \frac{\mathrm{d}i_{L1}}{\mathrm{d}t} = 4L_1 \frac{\mathrm{d}i_{L1}}{\mathrm{d}t} = -(r_1+r_2)i_{L1} + u_i \tag{15.1}$$

$$C_o \frac{\mathrm{d}u_o}{\mathrm{d}t} = -\frac{u_o}{R_o} \tag{15.2}$$

图 15.5(b)所示等效电路的状态方程为

$$L_1 \frac{\mathrm{d}i_{L1}}{\mathrm{d}t} = -r_1 i_{L1} + \frac{u_i}{2} \tag{15.3}$$

$$C_o \frac{\mathrm{d}u_o}{\mathrm{d}t} = -\frac{u_o}{R_o} \tag{15.4}$$

图 15.5(c)所示等效电路的状态方程为

$$L_1 \frac{\mathrm{d}i_{L1}}{\mathrm{d}t} = -\frac{N_1}{N_3}(u_o + r_3 i_{L3}) \tag{15.5}$$

$$C_o \frac{\mathrm{d}u_o}{\mathrm{d}t} = i_{L3} - \frac{u_o}{R_o} \tag{15.6}$$

式(15.1)乘以 $2D_2$，加上式(15.3)乘以 (D_1-D_2)，再加上式(15.5)乘以 $(1-D_1)$，同样式(15.2)乘以 $2D_2$，加上式(15.4)乘以 (D_1-D_2)，再加上式(15.6)乘以 $(1-D_1)$，令 $\frac{\mathrm{d}i_{L1}}{\mathrm{d}t}=0$，$\frac{\mathrm{d}u_o}{\mathrm{d}t}=0$，$N_1=N_2=nN_3$，$nI_{L1}=I_{L3}$，$r_1=r_2=n^2 r_3$，$R_o=U_o/I_o$，则可得状态变量的稳态值为

$$U_o = \frac{U_i D_1}{2n\left[1-D_1+\dfrac{r_3}{R_o}+\dfrac{D_1 r_1}{n^2(1-D_1)R_o}\right]} = \frac{U_i D_1}{2n\left[1-D_1+\dfrac{r_3}{(1-D_1)R_o}\right]}$$

$$= \frac{U_i D_1}{2n(1-D_1)} - \frac{I_o r_3}{(1-D_1)^2} \tag{15.7}$$

$$I_{L1} = \frac{U_i D_1}{2n\left[(1-D_1)^2 R_o + r_3\right]} \tag{15.8}$$

15.4.3　外特性

1. 理想情形 $(r_1=r_2=n^2 r_3=0)$

DCM、CCM、临界 CCM 模式时 L_1、L_3 中的电流波形 i_{L1}、i_{L3}，如图 15.6 所示。

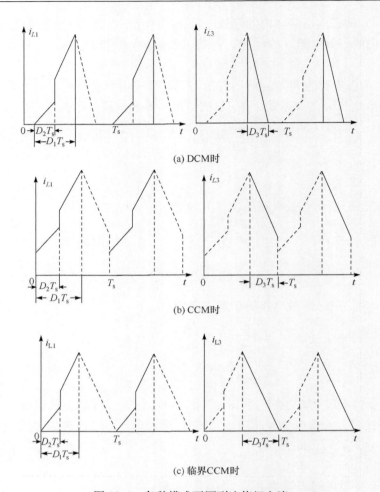

(a) DCM时

(b) CCM时

(c) 临界CCM时

图 15.6　各种模式下原副边绕组电流

由式(15.7),理想情形且 CCM 模式下,变换器的输出外特性为

$$U_o = \frac{U_i D_1}{2n(1-D_1)} \tag{15.9}$$

电感电流临界连续时有

$$U_o = L_3 \frac{I_{L3p}}{(1-D_1)T_s} \tag{15.10}$$

式中,I_{L3p} 为 i_{L3} 的峰值电流。负载电流为

$$I_G = I_{omin} = \frac{1}{2}(1-D_1)I_{L3p} = \frac{nT_sU_i}{4L_1}T_sD_1(1-D_1) \tag{15.11}$$

由式(15.11)可知,当 $D=0.5$ 时,I_G 达到最大值为

$$I_{Gmax} = \frac{nU_i T_s}{16L_1} \qquad (15.12)$$

由式(15.10)、式(15.11)可知,理想情形且电感电流临界连续时,变换器的外特性为

$$I_G = 4I_{Gmax}D_1(1-D_1) \qquad (15.13)$$

电感电流断续 DCM 时,由图 15.6 可得

$$\frac{U_i}{2} = L_1 \frac{I_{L1p}}{T_s D_1} \qquad (15.14)$$

$$U_o = L_1 \frac{I_{L3p}}{\Delta t} \qquad (15.15)$$

式(15.14)中,I_{L1p} 为 i_{L1} 的峰值电流。由式(15.15)可得负载电流为

$$I_o = \frac{\Delta t I_{L3p}}{2T_s} = \frac{T_s D_1^2 U_i^2}{8L_1} = 2I_{Gmax}D_1^2 \frac{U_i}{nU_o} \qquad (15.16)$$

因此,理想情形且 DCM 模式下,变换器的外特性为

$$\frac{U_o}{U_i} = \frac{2I_{Gmax}D_1^2}{nI_o} \qquad (15.17)$$

2. 实际情形(r_1、r_2、$r_3 \neq 0$)

实际情形时,变换器的外特性可由式(15.7)表示。因此,变换器的标幺外特性 $U_oN_1/(N_3U_i) = f(I_o/I_{Gmax})$ 曲线,如图 15.7 所示。曲线 A 为电感电流临界连续时的外特性曲线,由式(15.13)决定;曲线 A 左边为 DCM 模式,由式(15.17)决定,可见 DCM 模式下,变换器有类电流源特性;曲线 A 右边为 CCM 模式,实线为理想情形时的外特性曲线,由式(15.9)决定,可见 CCM 模式下,变换器有电压源特性,虚线为实际情形时的外特性曲线,由式(15.7)决定。

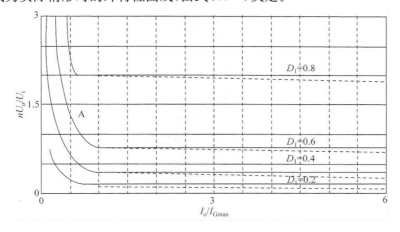

图 15.7　变换器的标幺外特性

15.5　仿真分析

仿真实例:单端式拓扑,电压瞬时值反馈控制策略,输入电压 $U_i = 220V(\pm 15\%$,50Hz AC),输出电压 $U_o = 110V(50Hz\ AC)$,额定容量 $S = 500VA$,负载功率因数 $\cos\varphi_L = -0.75 \sim 0.75$,开关频率 $f_s = 50kHz$,变压器匝比 $N_1 : N_2 : N_3 = 1 : 1 : 1$,输出滤波电容 $C_o = 30\mu F$,输入分压电容 $C_1 = C_2 = 15\mu F$。

Buck-Boost 型高频隔离式 TL 交-交直接变换器容性额定负载时的仿真波形如图 15.8 所示。图 15.8(a)为输出电压波形,可见输出电压的 THD 小。图 15.8(b)、(c)和(d)给出了原边绕组和副边绕组电流波形,与理论分析一致。图 15.8(e)和(f)为变压器副边绕组电压 u_3 及其展开波形,可以看出绕组电压为双极性、三电平的高频脉冲波。图 15.8(g)为功率管 S_{1a} 的漏源电压波形,可见与两电平的反激式交-交直接变换器相比,电压应力得到了降低。

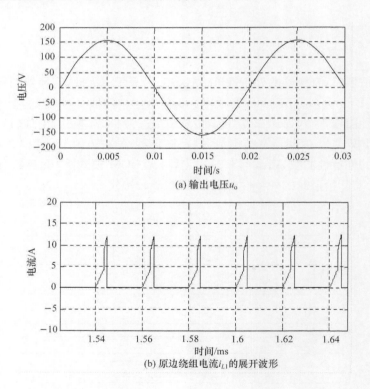

(a) 输出电压 u_o

(b) 原边绕组电流 i_{L1} 的展开波形

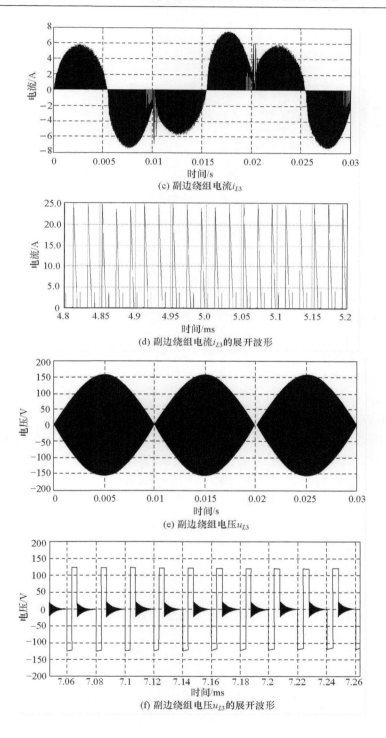

(c) 副边绕组电流 i_{L3}

(d) 副边绕组电流 i_{L3} 的展开波形

(e) 副边绕组电压 u_{L3}

(f) 副边绕组电压 u_{L3} 的展开波形

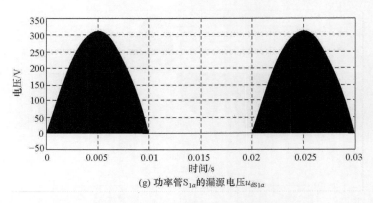

(g) 功率管S_{1a}的漏源电压u_{dS1a}

图 15.8　容性额定负载时的仿真波形

本 章 小 结

　　本章提出了一类 Buck-Boost 型高频隔离式 TL 交-交直接变换器的电路结构与拓扑族。其电路结构由输入高压交流电源、输入滤波器、TL 变换器、高频储能式变压器、周波变换器、输出滤波器和输出交流负载组成,能够将不稳定、畸变的高压交流电变换成稳定或可调的同频优质正弦交流电。其拓扑族包括单端式和双端式拓扑。与 Buck 型和 Boost 型高频隔离式 TL 交-交直接变换器相比较,Buck-Boost 型具有较简洁的电路拓扑。

　　以单端式拓扑为例,本章分析了这类变换器的控制原理、稳态原理和外特性,并在理论分析的基础上给出了仿真验证。仿真结果表明,这类变换器具有输出波形质量高、双向功率流、功率开关的电压应力可降低、负载适应能力强、适用于高压输入的交流电能变换场合等优点。

第 16 章 Cuk 型高频隔离式 TL 交-交直接变换器

16.1 引　　言

第 15 章提出了一类 Buck-Boost 型高频隔离式 TL 交-交直接变换器的电路结构与拓扑族,对该变换器的控制原理、稳态原理和外特性进行了分析,并在理论分析的基础上给出了仿真验证。

本章提出一类 Cuk 型高频隔离式 TL 交-交直接变换器,对该变换器的工作原理进行分析,推导输出电压与输入电压的关系式,对控制电路进行设计,并进行原理样机实验。

16.2 电 路 拓 扑

本章所提出的 Cuk 型高频隔离式 TL 交-交直接变换器的电路拓扑如图 16.1 所示[58,59]。它是基于模块法思想,由两个 Cuk 型高频隔离式两电平交-交直接变换器输入端串联、输出端串联后,再经过简化处理而构成的。其中,C_1、C_2、C_3 和 C_4 为耦合电容。

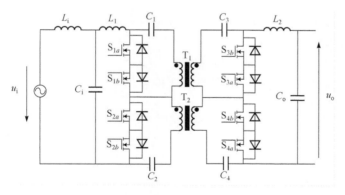

图 16.1 Cuk 型高频隔离式 TL 交-交直接变换器的电路拓扑

16.3 工作原理与基本关系

为便于分析,做如下假设:①所有开关管、二极管、电感、电容均为理想器件,并且忽略输入交流电源内阻;②耦合电容 $C_1 = C_2 = C_3 = C_4$,每个开关周期内忽略电容充放电时的电压波动,即电容电压视为恒定值。按照输入电压 u_i 极性和输出滤波电感 L_2 的电流方向,该变换器的工作模式分为 A$(u_i > 0, i_{L2} > 0)$、B$(u_i > 0, i_{L2} < 0)$、C$(u_i < 0, i_{L2} < 0)$ 和 D$(u_i < 0, i_{L2} > 0)$ 四种,每种工作模式中都有四个开关模式。

以工作模式 A 为例,分析变换器 CCM 时的稳态工作原理。在工作模式 A 中,开关管 S_{1b}、S_{2b}、S_{3b} 和 S_{4b} 控制为常通,S_{1a}、S_{2a}、S_{3a} 和 S_{4a} 高频斩波。S_{1a} 和 S_{2a} 以占空比 D 交错导通,两者的驱动信号之间相差 $180°$;S_{3a} 和 S_{4a} 的占空比为 $(1-D)$,分别与 S_{1a} 和 S_{2a} 互补导通。当 $D < 0.5$ 时功率开关的控制原理波形如图 16.2 所示。变换器稳态工作时在一个开关周期内有四个开关模式,如图 16.3 所示。

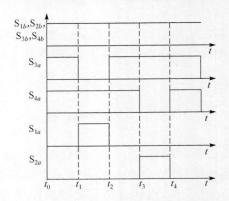

图 16.2　$D < 0.5$ 时功率开关的控制原理波形

(1) 开关模式 1$[t_0, t_1]$:开关管 S_{3a}、S_{4a}、S_{1b}、S_{2b}、S_{3b}、S_{4b} 导通,电感 L_2 上产生第一电平 $-u_o$,原边电流经 C_1、T_1 和 T_2 原边、C_2 流通,T_1 和 T_2 副边感应的能量经 S_{3a}、S_{3b}、S_{4a}、S_{4b} 对 C_3 和 C_4 充电,负载也通过 L_2、S_{3a}、S_{3b}、S_{4a}、S_{4b} 续流,如图 16.3(a) 所示。此过程中,电感 L_1、L_2 电流均线性下降,可得

$$\Delta i_{1(-)} = \frac{u_{C1} + u_{T1p} + u_{T2p} + u_{C2} - u_i}{L_1}(t_1 - t_0) \tag{16.1}$$

$$\Delta i_{2(-)} = \frac{u_o}{L_2}(t_1 - t_0) \tag{16.2}$$

$$u_{T1s} + u_{T2s} = u_{C3} + u_{C4} = \frac{1}{n}(u_{T1p} + u_{T2p}) \tag{16.3}$$

式中,u_{T1p}、u_{T1s} 为变压器 T_1 原边和副边的绕组电压;u_{T2p}、u_{T2s} 为变压器 T_2 原边和副边的绕组电压;n 为变压器 T_1、T_2 的变比;$\Delta i_{1(-)}$、$\Delta i_{2(-)}$ 为电感 L_1、L_2 中电流的减小量。

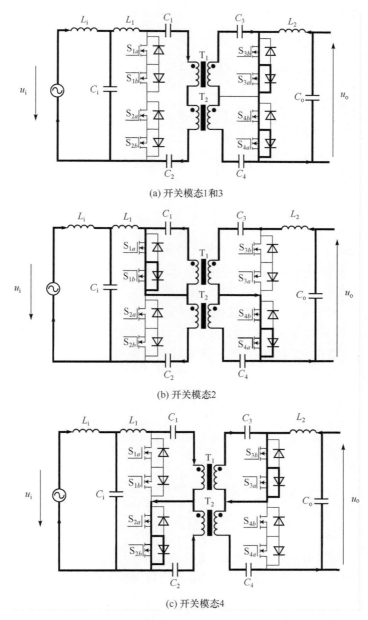

(a) 开关模态1和3

(b) 开关模态2

(c) 开关模态4

图 16.3 工作模式 A、$D < 0.5$ 时一个开关周期内的开关模态

（2）开关模态 2$[t_1, t_2]$：开关管 S_{1a}、S_{4a}、S_{1b}、S_{2b}、S_{3b}、S_{4b} 导通，电感 L_2 上产生第二电平 $(u_i - nu_o)/(2n)$。原边电流经 S_{1a}、S_{1b}、T_2 原边对 C_2 充电，C_1 通过 S_{1a}、S_{1b}、T_1 原边放电，T_1 副边感应的能量经 S_{4a}、S_{4b}、L_2、C_3 给负载供电，T_2 副边感应的能

量经 S_{4a}、S_{4b} 给 C_4 充电,如图 16.3(b)所示。此过程中,电感 L_1、L_2 电流线性上升,可得

$$\Delta i_{1(+)}=\frac{u_i-u_{T2p}-u_{C2}}{L_1}(t_2-t_1) \tag{16.4}$$

$$\Delta i_{2(+)}=\frac{u_{C3}-u_{T1s}-u_o}{L_2}(t_2-t_1) \tag{16.5}$$

$$u_{T1s}=\frac{1}{n}u_{T1p}=-\frac{1}{n}u_{C1} \tag{16.6}$$

$$u_{T2s}=u_{C4}=\frac{1}{n}u_{T2p} \tag{16.7}$$

式中,$\Delta i_{1(+)}$、$\Delta i_{2(+)}$ 为电感 L_1、L_2 中电流的增加量。

(3) 开关模态 3$[t_2,t_3]$:与开关模态 1 完全相同,如图 16.3(a)所示。

(4) 开关模态 4$[t_3,t_4]$:开关管 S_{2a}、S_{3a}、S_{1b}、S_{2b}、S_{3b}、S_{4b} 导通,电感 L_2 上产生第二电平 $(u_i-nu_o)/(2n)$。原边电流经 T_1 原边、S_{2a}、S_{2b} 对 C_1 充电,C_2 通过 S_{2a}、S_{2b}、T_2 原边放电,T_1 副边感应的能量经 S_{3a}、S_{3b} 给 C_3 充电,T_2 副边感应的能量经 S_{3a}、S_{3b}、C_4、L_2 给负载供电,如图 16.3(c)所示。此过程中,电感 L_1、L_2 电流线性上升,可得

$$\Delta i_{1(+)}=\frac{u_i-u_{T1p}-u_{C1}}{L_1}(t_4-t_3) \tag{16.8}$$

$$\Delta i_{2(+)}=\frac{u_{C4}-u_{T2s}-u_o}{L_2}(t_4-t_3) \tag{16.9}$$

$$u_{T2s}=\frac{1}{n}u_{T2p}=-\frac{1}{n}u_{C2} \tag{16.10}$$

$$u_{T1s}=u_{C3}=\frac{1}{n}u_{T1p} \tag{16.11}$$

变换器稳态工作时,在开关周期内有 $\Delta i_{1(+)}=\Delta i_{1(-)}$,$\Delta i_{2(+)}=\Delta i_{2(-)}$。由式(16.1)~式(16.11),可得输入、输出电压关系表达式为

$$\frac{U_o}{U_i}=\frac{D}{n(1-D)} \tag{16.12}$$

类似地,可以对工作模式 A、$D>0.5$ 时的开关模态进行分析,在这种情况下,输出滤波电感 L_2 上将出现第二电平 $(u_i-nu_o)/(2n)$、第三电平 u_i/n,输入和输出电压同样满足式(16.12),不再赘述。综合 $D<0.5$ 和 $D>0.5$ 两种情况,输出滤波电感 L_2 上共出现三种电平,即 $-u_o$、$(u_i-nu_o)/(2n)$ 和 u_i/n。

16.4　控　制　设　计

　　该变换器可以采用电压瞬时值反馈闭环控制。所设计的控制电路主要包括：与输入电压同步的正弦半波基准电路、采样电路、绝对值电路、误差放大电路、均压电路、三角波发生电路、PWM 发生电路、基本逻辑门电路和驱动电路等。实际情况下，相位交错的两个高频三角载波存在相位、幅值的差异，各个开关管的驱动电路及其特性也不可能完全相同，因而开关管的实际占空比与理想占空比之间会存在差异；此外，电容 C_1、C_2 和变压器 T_1、T_2 也不可能做到参数完全相同，因而 C_1、C_2 上的电压也必然不会完全相等。因此，为了保证变换器正常工作，需要对开关管的占空比进行修正。

　　对占空比修正的控制电路和主要控制波形如图 16.4 所示。输出电压采样信号的绝对值 $|u_f|$ 和基准正弦电压的绝对值 $|u_{ref}|$ 经 PI 调节器 1 后得到误差放大信号 u_{EA-uo}。为了确保电容 C_1、C_2 上的电压相等，引入均压控制。将 C_1、C_2 上的电压采样信号 u_{cd1}、u_{cd2}，经 PI 调节器 2 后得到误差放大信号 u_{EA-cd}。u_{EA-cd} 作为修正信号，与 u_{EA-uo} 相加，得到误差信号 u_{EA1}；u_{EA-cd} 反相后与 u_{EA-uo} 相加，得到误差信号 u_{EA2}。当 $u_{cd1} > u_{cd2}$ 时，u_{EA-cd} 为负，使得 u_{EA1} 减小，相应的 S_{1a}、S_{1b} 的占空比也减小，同时使得 u_{EA2} 增大，相应的 S_{2a}、S_{2b} 的占空比也增大。通过调整开关管的占空比，使得 C_1 上的电压降低，C_2 上的电压升高，达到了均压的目的。图 16.4 中，u_{RAMP1} 和 u_{RAMP2} 为两个相位相差 $180°$ 的高频三角载波，u_{RAMP1} 与 u_{EA1} 交截产生 PWM 脉冲信号，经逻辑电路后生成 S_{1a}、S_{1b}、S_{3a}、S_{3b} 的控制信号；u_{RAMP2} 与 u_{EA2} 交截产生 PWM 脉冲信号，经逻辑电路后生成 S_{2a}、S_{2b}、S_{4a}、S_{4b} 的控制信号，从而实现了变换器的交错控制。

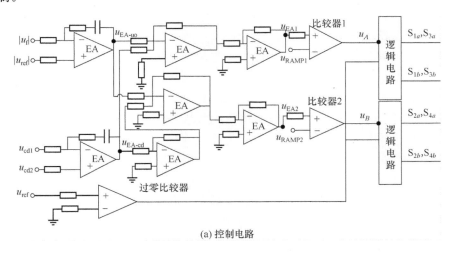

(a) 控制电路

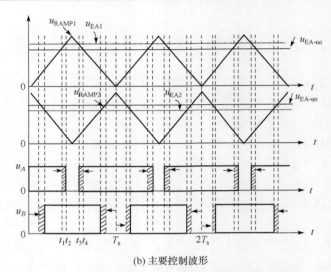

(b) 主要控制波形

图 16.4　对占空比修正的控制电路和主要控制波形

16.5　实 验 验 证

　　原理样机的主要参数:输入电压 U_i＝220V±22V(50Hz AC),输出电压 U_o＝110V(50Hz AC),容量 S＝500VA,负载功率因数 $\cos\varphi_L$＝－0.75～0.75,开关频率 f_s＝100kHz,耦合电容 $C_1＝C_2＝C_3＝C_4$＝116μF,输入滤波电感 L_i＝10μH,输入滤波电容 C_i＝16μF,输入储能电感 L_1＝0.8mH,输出滤波电感 L_2＝0.4mH,变压器原边和副边电感 $L_{T1p}＝L_{T1s}＝L_{T2p}＝L_{T2s}$＝0.5mH,输出滤波电容 C_o＝3.3μF,功率开关均选用 MOSFET IRF460(500V/20A),功率开关两端的缓冲电阻为 10Ω/2W,缓冲电容选用 2.2nF/1kV 的高压瓷片电容。

　　变换器空载时的主要实验波形如图 16.5 所示。图 16.5(a)为输入电压和输出电压波形,可见输出电压 THD 小,与输入电压相比,波形得到了改善。图 16.5(b)和(c)为电容 C_1 和 C_2 上的电压,有效值分别为 114V 和 109V,表明加占空比修正的控制方案是有效的。图 16.5(d)和(e)分别为功率开关 S_{1a} 的漏源电压和输入电压、S_{1b} 的漏源电压和输入电压的波形,可见相对于两电平拓扑,功率开关的电压应力得到了降低。图 16.5(f)为输入电压和输出滤波电感 L_2 两端电压波形,可以看出,输入电压 u_i 为 200V 时,L_2 上为约 100V 和－50V 的两种电平,与理论值基本相符。图 16.6 为不同性质负载时的主要实验波形,可以看出,在阻性额定负载情况下,输出电压波形优于输入电压波形;在各种不同性质负载情况下,变换器均具有较好的输出波形,表明该变换器可以实现双向功率流,具有强的负载适应能力。

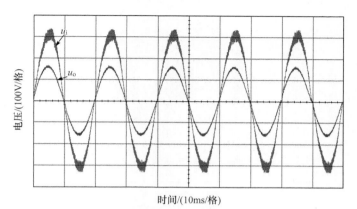

(a) 输入电压 u_i 和输出电压 u_o

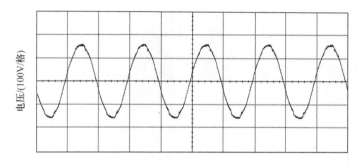

(b) 电容 C_1 上电压 u_{C1}

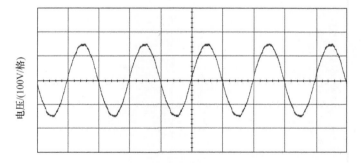

(c) 电容 C_2 上电压 u_{C2}

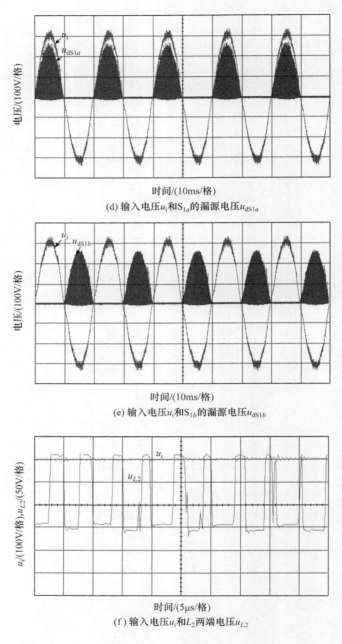

(d) 输入电压u_i和S_{1a}的漏源电压u_{dS1a}

(e) 输入电压u_i和S_{1b}的漏源电压u_{dS1b}

(f) 输入电压u_i和L_2两端电压u_{L2}

图 16.5　空载实验波形

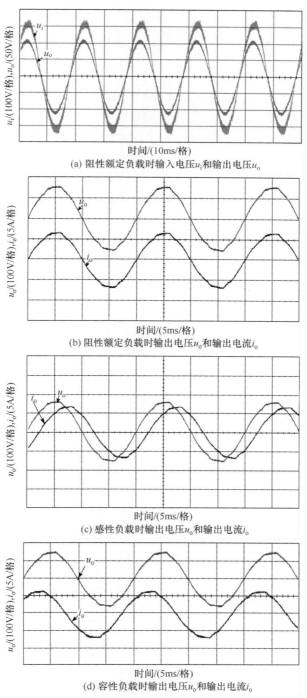

(a) 阻性额定负载时输入电压u_i和输出电压u_o

(b) 阻性额定负载时输出电压u_o和输出电流i_o

(c) 感性负载时输出电压u_o和输出电流i_o

(d) 容性负载时输出电压u_o和输出电流i_o

图 16.6　不同性质负载时的实验波形

本 章 小 结

　　本章提出了一类 Cuk 型高频隔离式 TL 交-交直接变换器。这类变换器具有高频电气隔离、两级功率变换(LFAC-HFAC-LFAC)、双向功率流、功率开关的电压应力可降低、输出波形质量高、负载适应能力强、适用于高压交-交电能变换场合等优点。对该变换器的工作原理和稳态工作原理进行了分析,推导了输出电压与输入电压的关系式。变换器在占空比小于 0.5 和大于 0.5 时,输出滤波电感两端分别有两种电平,总共有三种电平。分析了对占空比进行修正的控制方案,对控制电路进行了设计。在理论分析和设计的基础上进行了原理样机实验,实验结果与理论分析一致。

第 17 章 Sepic 型高频隔离式 TL 交-交直接变换器

17.1 引　　言

第 16 章提出了一类 Cuk 型高频隔离式 TL 交-交直接变换器,对该变换器的工作原理和稳态原理进行了分析,推导了输出电压与输入电压的关系式,对控制电路进行了设计,并进行了原理样机实验。

本章提出一类 Sepic 型高频隔离式 TL 交-交直接变换器。对该变换器不同占空比时的工作原理进行分析,推导主要参数的表达式,对控制策略进行研究,设计双闭环电压瞬时值反馈控制方案;在理论分析和参数设计的基础上,进行原理样机实验。

17.2 电路拓扑和工作原理

Sepic 型高频隔离式 TL 交-交直接变换器的电路拓扑如图 17.1 所示[60]。其中,C_{t1} 和 C_{t2}、C_{f1} 和 C_{f2} 分别为输入、输出分压电容。

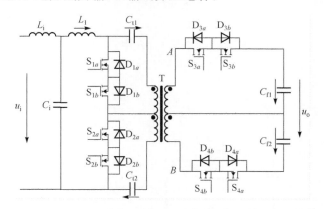

图 17.1 Sepic 型高频隔离式 TL 交-交直接变换器的电路拓扑

为便于分析,假设所有开关器件和磁性元件都是理想的,$C_{t1} = C_{t2}$、$C_{f1} = C_{f2}$,且足够大,等效为电压源。当功率开关 S_{1a}(S_{1b})、S_{2a}(S_{2b})的占空比 $D < 0.5$ 时,变换器 CCM 时的工作原理波形如图 17.2 所示。其中,i_{L1} 为储能电感 L_1 中的电流;u_{AB} 为变压器副边绕组 A、B 两点间的电压;n 为变压器原、副边绕组的匝比。

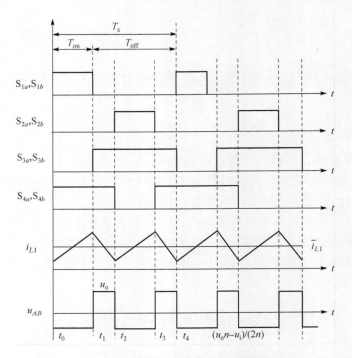

图 17.2　$D < 0.5$ 时的工作原理波形

（1）工作模式 1$[t_0, t_1]$：开关管 $S_{1a}(S_{1b})$、$S_{4a}(S_{4b})$ 高频斩波，开关管 $S_{2a}(S_{2b})$、$S_{3a}(S_{3b})$ 截止，电感 L_1 储能，电流经 L_1、S_{1a}、D_{1b}、T 给 C_{t2} 充电，C_{t1} 通过 S_{1a}、D_{1b}、T 放电，C_{f1} 放电，变压器副边感应的电压给 C_{f2} 充电，同时给负载供电。如图 17.3(a) 所示，此阶段 u_{AB} 得到第一电平 $(u_o n - u_i)/(2n)$。

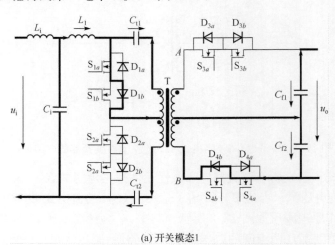

(a) 开关模态1

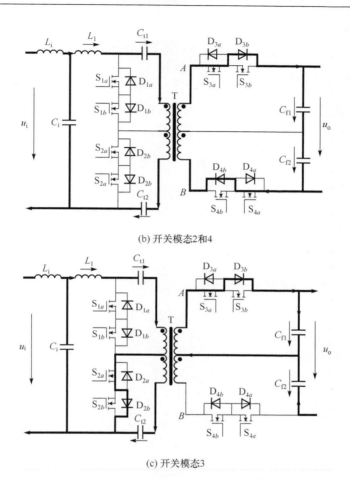

(b) 开关模态2和4

(c) 开关模态3

图 17.3　$D<0.5$ 时一个开关周期内的开关模态

（2）工作模态 $2[t_1,t_2]$：开关管 $S_{3a}(S_{3b})$、$S_{4a}(S_{4b})$ 高频斩波，开关管 $S_{1a}(S_{1b})$、$S_{2a}(S_{2b})$ 截止，L_1 中的电流下降，C_{t1} 和 C_{t2} 充电，变压器副边感应的能量提供给负载，如图 17.3(b)所示，此阶段 u_{AB} 得到第二电平 u_o。

（3）工作模态 $3[t_2,t_3]$：开关管 $S_{2a}(S_{2b})$、$S_{3a}(S_{3b})$ 高频斩波，开关管 $S_{1a}(S_{1b})$、$S_{4a}(S_{4b})$ 截止，L_1 中的电流上升，C_{t1} 充电，C_{t2} 通过 T、S_{2a}、D_{2b} 放电，C_{f1} 充电，C_{f2} 通过负载放电，如图 17.3(c)所示，此阶段 u_{AB} 也是得到第一电平 $(u_o n-u_i)/(2n)$。

（4）工作模态 $4[t_3,t_4]$：与工作模态 2 完全一致，如图 17.3(b)所示。

类似地，可以对 $D>0.5$ 时一个开关周期内的开关模态进行分析，这种情况下 u_{AB} 可以得到第一电平 $(u_o n-u_i)/(2n)$、第三电平 u_i/n。综合 $D<0.5$ 和 $D>0.5$ 两种情况，u_{AB} 可以获得三电平，即 $(u_o n-u_i)/(2n)$、u_o 和 u_i/n。

17.3　稳态工作特性与控制原理

17.3.1　稳态工作特性

CCM 模式稳定工作的该变换器,当 $D<0.5$ 时有如下表达式:

$$T_s = t_4 - t_0 \tag{17.1}$$

$$D = \frac{t_1 - t_0}{T_s} \tag{17.2}$$

$$t_2 - t_0 = \frac{1}{2} T_s \tag{17.3}$$

$$T_{on} = t_1 - t_0 = t_3 - t_2 \tag{17.4}$$

其中,D 为开关管 $S_{1a}(S_{1b})$、$S_{2a}(S_{2b})$ 的占空比。

1. 主要电压电流之间的关系

为了便于分析,以变压器原副边中间抽头为界,将变压器等效分为上下两部分:T_1 和 T_2,且变比均为 n,u_{T1p}、u_{T1s} 分别为 T_1 原、副边的绕组电压,u_{T2p}、u_{T2s} 分别为 T_2 原、副边的绕组电压。

(1) $[t_0, t_1]$:变换器工作在模式 1,电感 L_1 电流线性上升,电流增加量为

$$\Delta i_{L(+)} = \frac{u_i - u_{T2p} - u_{Ct2}}{L}(t_1 - t_0) \tag{17.5}$$

主要电压关系有

$$u_{T1p} = -u_{Ct1} = n u_{T1s} \tag{17.6}$$

$$u_{T2s} = u_{Cf2} = \frac{1}{n} u_{T2p} \tag{17.7}$$

(2) $[t_1, t_2]$:变换器工作在模式 2,电感 L_1 电流线性下降,电流减小量为

$$\Delta i_{L(-)} = \frac{u_{Ct1} + u_{Ct2} + u_{T1p} + u_{T2p} - u_i}{L}(t_2 - t_1) \tag{17.8}$$

主要电压关系有

$$u_{T1s} + u_{T2s} = \frac{1}{n}(u_{T1p} + u_{T2p}) = u_o \tag{17.9}$$

(3) $[t_2, t_3]$:变换器工作在模式 3,电感 L_1 电流线性上升,电流增加量为

$$\Delta i_{L(+)} = \frac{u_i - u_{Ct1} - u_{T1p}}{L}(t_3 - t_2) \tag{17.10}$$

主要电压关系有

$$u_{T2p} = -u_{Ct2} = nu_{T2s} \tag{17.11}$$

$$u_{T1s} = u_{Cf1} = \frac{1}{n}u_{T1p} \tag{17.12}$$

（4）$[t_3, t_4]$：变换器工作在模态 2，电感 L_1 电流线性下降，电流减小量如式(17.8)所示，电压关系如式(17.9)所示。

在一个开关周期内，电感电流的变化量应为零，即

$$\Delta i_{L(+)} = \Delta i_{L(-)} \tag{17.13}$$

由式(17.5)～式(17.13)得

$$\frac{U_o}{U_i} = \frac{D}{n(1-D)} \tag{17.14}$$

$$U_{Ct1} = U_{Ct2} = \frac{1}{2}U_i \tag{17.15}$$

类似地，可以分析出变换器在 $D > 0.5$ 时同样可得到式(17.14)和式(17.15)。

2. 储能电感 L_1 中电流连续时的电流纹波系数

由式(17.5)和式(17.8)，可得电感 L_1 中的平均电流如式(17.16)所示，电感电流变化量如式(17.17)所示：

$$\overline{i_L} = i_L(t_0) + \frac{1}{2}[i_L(t_1) - i_L(t_0)] = i_L(t_0) + \frac{u_i - nu_o}{4L_1}DT_s \tag{17.16}$$

$$\Delta i_L = \frac{u_i - nu_o}{2L_1}DT_s \tag{17.17}$$

在理想情况下，输入输出功率相等（忽略输入滤波器的影响），因而得到式(17.18)，输出电流的平均值可由式(17.19)表示。电感电流有 CCM、DCM 和临界 CCM 模式，令 $i_L(t_0) = 0$，即可得电感电流临界连续时的平均值，如式(17.20)所示：

$$u_i\,\overline{i_L} = \frac{u_o^2}{R_o} \tag{17.18}$$

$$\overline{i_o} = \frac{u_o}{R_o} \tag{17.19}$$

$$\overline{i_L} = \frac{u_i - u_o}{4L_1}DT_s \tag{17.20}$$

由式(17.18)、式(17.20)，可得到电感电流临界连续时的电感值为

$$L_1 \geqslant \frac{u_i(u_i - nu_o)R_oDT_s}{4u_o^2} \tag{17.21}$$

则电感 L_1 中电流的电流纹波系数为

$$k_L = \frac{\Delta i_L}{\bar{i}_L} = \frac{\frac{1}{2}u_i - \frac{1}{2}nu_o}{L_1}DT_s \cdot \frac{u_i R_o}{u_o^2} = \frac{u_i(u_i - nu_o)}{2P_o L_1}DT_s \qquad (17.22)$$

3. 占空比满足的条件

根据对变换器 CCM 时的工作原理的分析,可以推导 $D<0.5$ 时占空比需要满足的条件。

(1) $[t_0, t_1]$:开关管 S_{1a} 导通,S_{2a} 截止,有

$$N\frac{d\phi_+}{dt} = u_{L+} = u_i - nu_{Ct2} - u_{Ct2} = \frac{1}{2}u_i - \frac{1}{2}nu_o \qquad (17.23)$$

$$\Delta\phi_+ = \frac{1}{2N}(u_i - nu_o)DT_s \qquad (17.24)$$

(2) $[t_1, t_2]$:开关管 S_{1a}、S_{2a} 截止,有

$$N\frac{d\phi_-}{dt} = u_{L-} = nu_o \qquad (17.25)$$

$$\Delta\phi_- = \frac{nu_o}{N}(t_2 - t_1) \qquad (17.26)$$

由 $\Delta\phi_+ = \Delta\phi_-$,得

$$t_2 - t_1 = \frac{u_i - nu_o}{2nu_o}DT_s \qquad (17.27)$$

所以,当开关管 S_{2a} 的导通脉冲来临前,电感能量可以释放完所满足的条件为

$$\frac{u_i - nu_o}{2nu_o}DT_s \leqslant \left(\frac{1}{2} - D\right)T_s \qquad (17.28)$$

由式(17.28)可得 $D<0.5$ 时占空比需满足

$$D \leqslant \frac{nu_o}{u_i + nu_o} \qquad (17.29)$$

同样,可以得到 $D>0.5$ 时占空比需满足的条件为

$$D \leqslant \frac{nu_o}{u_i + nu_o} \qquad (17.30)$$

17.3.2　控制原理

为了确保变换器可靠工作并得到高质量的输出波形,必须保证 C_{t1} 和 C_{t2} 两端电压 u_{Ct1} 和 u_{Ct2} 相等,因而采用输出电压的单闭环控制策略不能满足控制要求,必须采用加入电容采样的双闭环控制来修正功率开关的占空比。

输出电压和电容电压的双闭环控制原理为:输出电压的采样信号和基准正弦

信号经过误差放大器后,生成误差信号 $u_{EA\text{-}uo}$;电容电压 u_{Ct1} 和 u_{Ct2} 的采样信号,经过误差放大器后,得到误差信号 $u_{EA\text{-}cd}$;将 $u_{EA\text{-}cd}$ 和 $-u_{EA\text{-}cd}$ 分别与 $u_{EA\text{-}uo}$ 叠加,得到误差修正信号 u_{EA1}、u_{EA2},再分别与两组相位相差 $180°$ 的高频三角载波 u_{RAMP1}、u_{RAMP2} 交截,得到功率开关的控制信号。对占空比修正的控制原理,如图 17.4 所示。其中,功率开关 S_1 包含 S_{1a}、S_{1b},S_2 包含 S_{2a}、S_{2b}。如 $u_{Ct1}>u_{Ct2}$ 时,u_{EA1} 减小,则 S_1 的占空比减小,S_2 的占空比增大,使得 u_{Ct1} 减小、u_{Ct2} 增大,直到两者相等。具体分析和设计可参考 16.4 节。

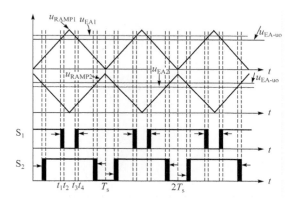

图 17.4　对占空比修正的控制原理

17.4　实 验 验 证

原理样机的主要参数如下:额定容量 $S=500\text{VA}$,输入电压 $U_i=220\text{V}(\pm 10\%,$ $50\text{Hz AC})$,输出电压 $U_o=110\text{V}(50\text{Hz AC})$,负载功率因数 $\cos\varphi_L=-0.75\sim$ 0.75,开关频率 $f_s=50\text{kHz}$,占空比 $D\leqslant 0.385$,电感 L_1 的电流纹波系数 $k_{L1}\leqslant$ 20%,电感 $L_1=0.4\text{mH}$,变压器原、副边匝比 $n=1.25$,输入分压电容 $C_{t1}=C_{t2}=$ $10\mu\text{F}$,输出分压电容 $C_{f1}=C_{f2}=14\mu\text{F}$,输入滤波电感 $L_i=30\mu\text{H}$,输入滤波电容 $C_i=$ $4.75\mu\text{F}/400\text{V}$,功率开关均选用 MOSFET IRF460($500\text{V}/20\text{A}$),功率开关两端的缓冲电阻为 $10\Omega/2\text{W}$,缓冲电容选用 $2.2\text{nF}/1\text{kV}$ 的高压瓷片电容。

原理样机的主要实验波形如图 17.5 所示。图 17.5(a)为输入电压与输出电压波形,可以看出输出电压的有效值为 110V,而且波形质量较好。图 17.5(b)为输入分压电容 C_{t1} 和 C_{t2} 的电压波形,可以看出 C_{t1} 和 C_{t2} 的电压均为输入电压的一半,表明采用双闭环控制策略,达到了均压的效果。图 17.5(c)为输出分压电容 C_{f1} 和 C_{f2} 的电压波形,可见输出侧也实现了均压,保证了输出电压波形的质量。图 17.5(d)和(e)为储能电感 L_1 的两端电压及其展开波形,在 $D<0.5$ 时电感电压有

两种电平。图 17.5(f)和(g)为高频变压器原边绕组的电压及其展开波形,与理论分析一致。图 17.5(h)为输入电压和功率开关 S_{1a} 的漏源电压波形。

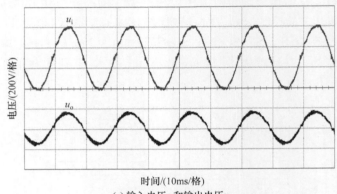

(a) 输入电压u_i和输出电压u_o

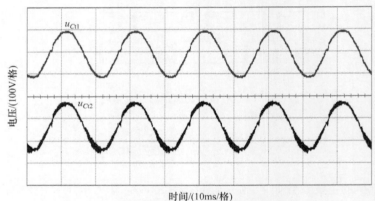

(b) 分压电容C_{t1}的电压u_{Ct1}和C_{t2}的电压u_{Ct2}

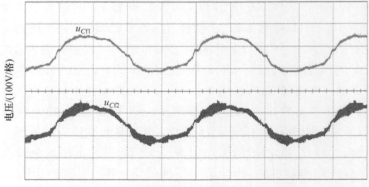

(c) 分压电容C_{f1}的电压u_{Cf1}和C_{f2}的电压u_{Cf2}

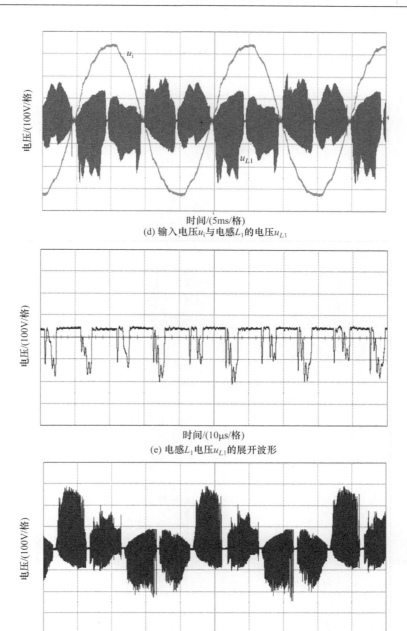

(d) 输入电压u_i与电感L_1的电压u_{L1}

(e) 电感L_1电压u_{L1}的展开波形

(f) 原边绕组电压u_{N1}

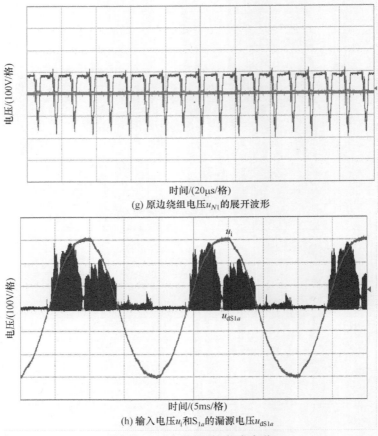

时间/(20μs/格)

(g) 原边绕组电压u_{N1}的展开波形

时间/(5ms/格)

(h) 输入电压u_i和S_{1a}的漏源电压u_{dS1a}

图 17.5　原理样机的实验波形

本 章 小 结

本章提出了一类 Sepic 型高频隔离式 TL 交-交直接变换器。这类变换器具有高频电气隔离、两级功率变换(LFAC-HFAC-LFAC)、双向功率流、功率开关的电压应力可降低、输入侧功率因数高、输出波形质量高、负载适应能力强、适用于高压交-交电能变换场合等优点。

对该变换器不同占空比时的工作原理进行了分析,推导了主要电压电流的关系表达式、电流连续时的电流纹波系数的表达式;分析了稳态工作时占空比需满足的条件;对控制策略进行了研究,设计了双闭环电压瞬时值反馈控制方案,解决了分压电容的均压问题;在理论分析和参数设计的基础上,进行了原理样机实验,实验结果与理论分析相一致。

第18章 ML 交-交直接变换器的拓扑推衍方法

18.1 引　言

第 2～17 章系统地提出了多种非隔离式和高频电气隔离式 TL 交-交直接变换器,创造性地构建了完整、统一的 TL 交-交直接变换体系,全面、深入、系统地对该体系中的变换器的控制策略、工作原理、稳态原理、关键参数设计进行了分析,并在理论分析和设计的基础上进行了仿真分析和原理样机实验研究。

以提出的 TL 交-交直接变换器为基础,本章研究由 TL 向 ML 拓扑进行拓展的拓扑推衍方法[61]。在研究模块法、级联法和回路法的基础上,将这三种方法创新性地应用到 TL 交-交直接变换器中,提出各种相对应的 ML 拓扑,从而可以应用于更高电压的交流电能变换场合。以回路法构造的 Buck-Boost 型高频隔离式 TL 交-交直接变换器为例,对工作原理、稳态原理进行分析,对主要参数的表达式进行推导,并进行原理实验。实验结果证实了拓扑推衍方法的正确性和有效性。

18.2 模　块　法

模块法是将两个或多个相同的模块按照一定的顺序组合起来的拓扑构成方法,通过模块的串联、同相并联、反相并联或者保持不变,可以得到 TL 乃至 ML 拓扑。模块法的构成方式如图 18.1 所示,其中模块 A 与模块 B 是相同的电路拓扑。

图 18.1　模块法的构成方式

例如,以 Cuk 型高频隔离式两电平交-交直接变换器作为模块单元,通过不同的组合方式,可以得到多个 TL 拓扑。将两个模块的输入端串联,输出端也进行串联,再经过简化处理,可构成一种 Cuk 型 TL 拓扑,如图 18.2(a)所示,该拓扑即为第 16 章提出并研究的拓扑。将两个模块的输入端串联,输出端进行同相并联,可得到另一种 Cuk 型 TL 拓扑,如图 18.2(b)所示。将两个模块的输入端反相并联,输出端保持不变,可获得第三种 Cuk 型 TL 拓扑,如图 18.2(c)所示。

以两电平高频隔离式交-交直接变换器作为模块单元,通过将输入端串联、同相并联、反相并联和保持不变,将输出端串联、同相并联、反相并联和保持不变,可得到 4×4−1=15 种 TL 拓扑[62~64]:①输入端不变、输出端串联;②输入端不变、输出端同相并联;③输入端不变、输出端反相并联;④输入端串联、输出端不变;⑤输入端串联、输出端串联;⑥输入端串联、输出端同相并联;⑦输入端串联、输出端反相并联;⑧输入端同相并联、输出端不变;⑨输入端同相并联、输出端串联;⑩输入端同相并联、输出端同相并联;⑪输入端同相并联、输出端反相并联;⑫输入端反相并联、输出端不变;⑬输入端反相并联、输出端串联;⑭输入端反相并联、输出端同相并联;⑮输入端反相并联、输出端反相并联。当然,构成的 15 种 TL 拓扑不一定都有实际价值,要具体进行分析。

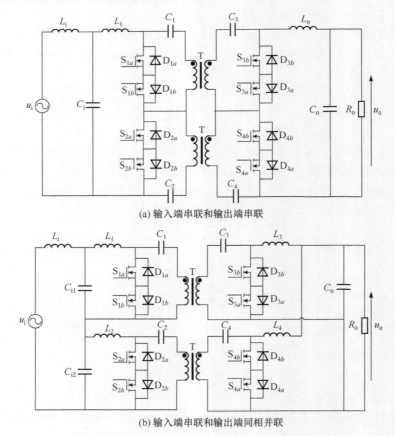

(a) 输入端串联和输出端串联

(b) 输入端串联和输出端同相并联

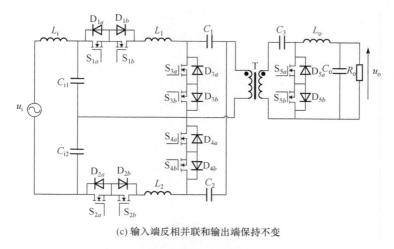

(c) 输入端反相并联和输出端保持不变

图 18.2　基于模块法构成的 Cuk 型高频隔离式 TL 交-交直接变换器

18.3　级　联　法

级联法是将 $n(n\geqslant 2)$ 个基本单元依次串联而构成 ML 拓扑的拓扑构成方法。基本单元的个数越多,所构成拓扑的电平数越多。

18.3.1　基本单元

在交-交直接变换系统中,基本单元主要包括电容基本单元和辅助电源基本单元,而辅助电源基本单元又分为外接电源和变压器两种,如图 18.3 所示。

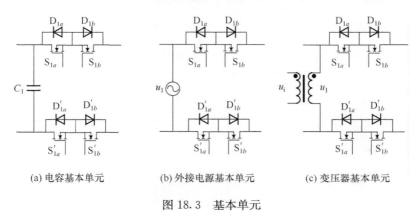

(a) 电容基本单元　　　　(b) 外接电源基本单元　　　　(c) 变压器基本单元

图 18.3　基本单元

例如,以三种基本单元为基础,采用级联法构成的 Boost 型 TL 交-交直接变换器如图 18.4 所示。其中,图 18.4(a)即为第 3 章提出的 Boost 型 TL 拓扑。

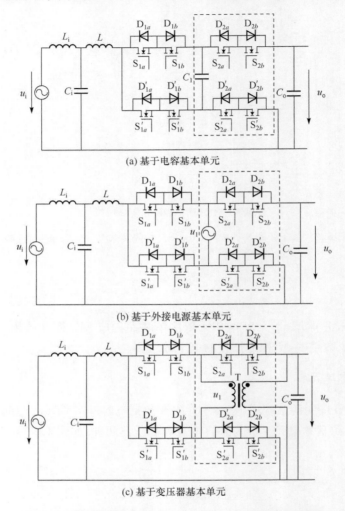

(a) 基于电容基本单元

(b) 基于外接电源基本单元

(c) 基于变压器基本单元

图 18.4 采用级联法构成的 Boost 型 TL 交-交直接变换器

18.3.2 ML 交-交直接变换器拓扑

基于级联法的电容基本单元,可将第 3 章所提出的 TL 拓扑族推衍成 ML 拓扑族。所提出的 ML 交-交直接变换器拓扑族如图 18.5 所示。该拓扑族包括 Buck[65]、Boost、Buck-Boost、Cuk、Sepic 和 Zeta 型。当然,外接电源基本单元和变压器基本单元同样可以采用。

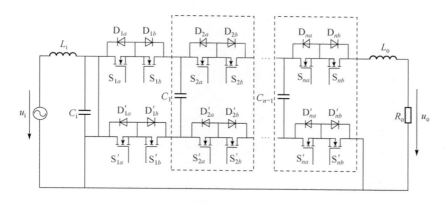

(a) Buck型

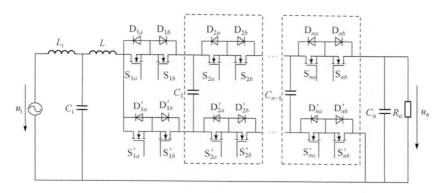

(b) Boost型

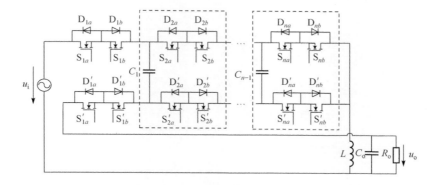

(c) Buck-Boost型

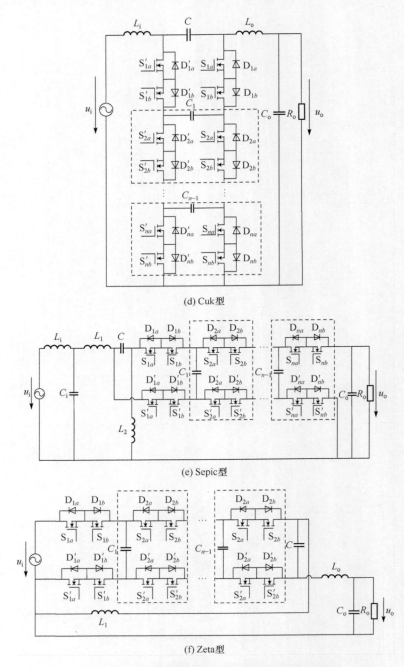

(d) Cuk型

(e) Sepic型

(f) Zeta型

图 18.5　基于级联法的 ML 交-交直接变换器拓扑族

18.4 回 路 法

回路法是在两电平拓扑的基础上,通过合理地增加分压电容和功率开关支路数,即增加回路,从而构造出 TL 和 ML 拓扑的方法[66]。

18.4.1 回路法在 Buck 型变换器中的应用

基于回路法提出的 Buck 型 TL 和五电平交-交直接变换器如图 18.6 所示。可以看出,五电平拓扑是在 TL 拓扑的基础上,增加了两个分压电容 C_{i3}、C_{i4} 和两条支路 S_{4a}、S_{4b} 和 S_{5a}、S_{5b} 得到的。同样的方法可以得到更高电平数的拓扑。

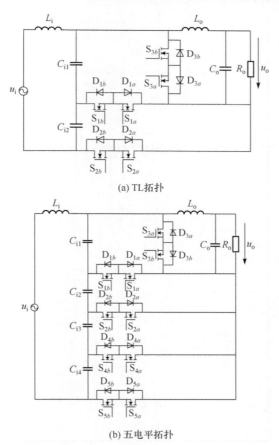

(a) TL拓扑

(b) 五电平拓扑

图 18.6 基于回路法的 Buck 型 TL 和五电平交-交直接变换器

18.4.2　回路法在 Boost 型变换器中的应用

基于回路法提出的 Boost 型 TL 和五电平交-交直接变换器,如图 18.7 所示。可以看出,五电平拓扑是在 TL 拓扑的基础上,增加了两个分压电容 C_{i3}、C_{i4} 和两条支路 S_{5a}、S_{5b} 和 S_{6a}、S_{6b} 得到的。同样的方法可以得到更高电平数拓扑。

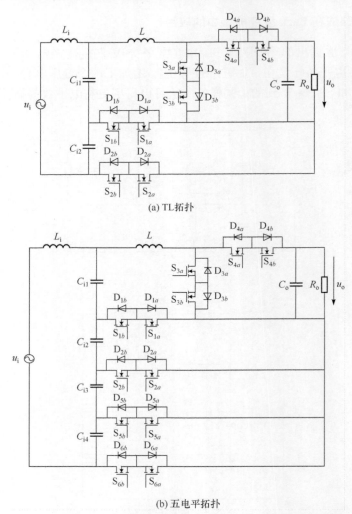

(a) TL拓扑

(b) 五电平拓扑

图 18.7　基于回路法的 Boost 型 TL 和五电平交-交直接变换器

18.4.3　回路法在 Buck-Boost 型变换器中的应用

基于回路法提出的 Buck-Boost 型 TL 和五电平交-交直接变换器如图 18.8 所

示。可以看出,五电平拓扑是在 TL 拓扑的基础上,增加了两个分压电容 C_{i3}、C_{i4} 和两条支路 S_{4a}、S_{4b} 和 S_{5a}、S_{5b} 得到的。同样的方法可以得到更高电平数的拓扑。

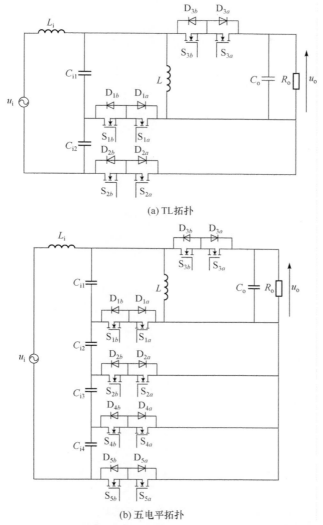

(a) TL拓扑

(b) 五电平拓扑

图 18.8　基于回路法的 Buck-Boost 型 TL 和五电平交-交直接变换器

18.4.4　回路法在 Buck-Boost 型高频隔离式变换器中的应用

基于回路法提出的 Buck-Boost 型高频隔离式 TL 和五电平交-交直接变换器如图 18.9 所示。可以看出,五电平拓扑是在 TL 拓扑的基础上,增加了两个分压电容 C_{i3}、C_{i4} 和两条支路 S_{4a}、S_{4b} 和 S_{5a}、S_{5b} 得到的。同样的方法可以得到更高电平数的拓扑。

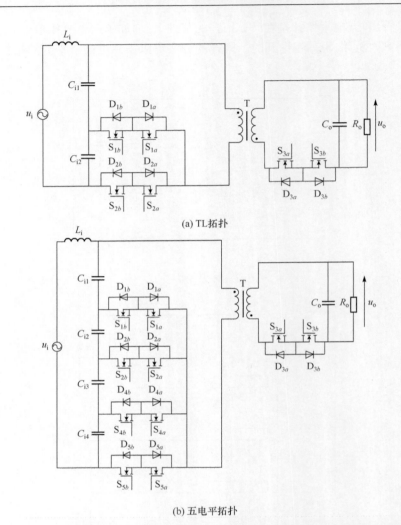

(a) TL拓扑

(b) 五电平拓扑

图 18.9　基于回路法的 Buck-Boost 型高频隔离式 TL 和五电平交-交直接变换器

18.4.5　回路法在 Cuk 型高频隔离式变换器中的应用

　　基于回路法提出的 Cuk 型高频隔离式 TL 和五电平交-交直接变换器如图 18.10 所示。可以看出,五电平拓扑是在 TL 拓扑的基础上,增加了两个分压电容 C_{i3}、C_{i4} 和两条支路 S_{5a}、S_{5b} 和 S_{6a}、S_{6b} 得到的。同样的方法可以得到更高电平数的拓扑。

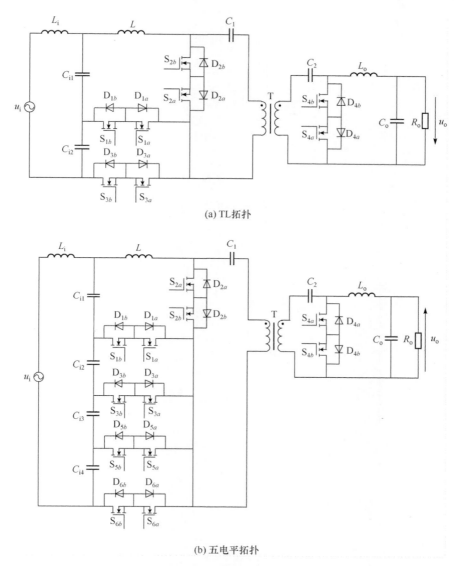

(a) TL拓扑

(b) 五电平拓扑

图 18.10　基于回路法的 Cuk 型高频隔离式 TL 和五电平交-交直接变换器

18.4.6　回路法在 Sepic 型高频隔离式变换器中的应用

基于回路法提出的 Sepic 型高频隔离式 TL 和五电平交-交直接变换器如图 18.11 所示。可以看出，五电平拓扑是在 TL 拓扑的基础上，增加了两个分压电容 C_{i3}、C_{i4} 和两条支路 S_{5a}、S_{5b} 和 S_{6a}、S_{6b} 得到的。同样的方法可以得到更高电平数的拓扑。

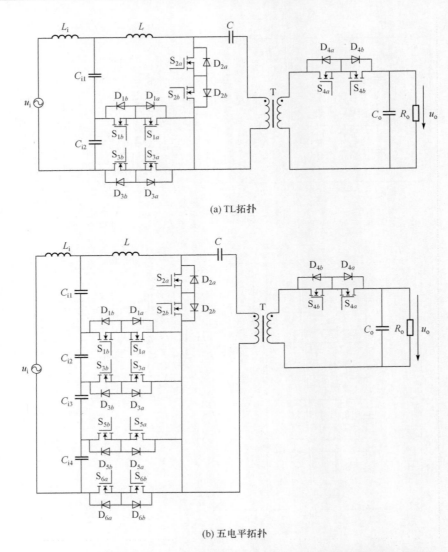

(a) TL拓扑

(b) 五电平拓扑

图 18.11　基于回路法的 Sepic 型高频隔离式 TL 和五电平交-交直接变换器

18.4.7　回路法在 Zeta 型高频隔离式变换器中的应用

　　基于回路法提出的 Zeta 型高频隔离式 TL 和五电平交-交直接变换器如图 18.12 所示。可以看出,五电平拓扑是在 TL 拓扑的基础上,增加了两个分压电容 C_{i3}、C_{i4} 和两条支路 S_{5a}、S_{5b} 和 S_{6a}、S_{6b} 得到的。同样的方法可以得到更高电平数的拓扑。

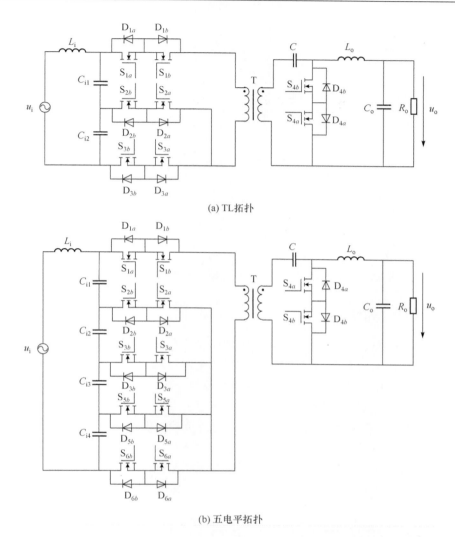

(a) TL拓扑

(b) 五电平拓扑

图 18.12　基于回路法的 Zeta 型高频隔离式 TL 和五电平交-交直接变换器

18.5　基于回路法的 Buck-Boost 型高频隔离式 TL 交-交直接变换器

18.5.1　电路拓扑

基于回路法提出的 Buck-Boost 型高频隔离式 TL 交-交直接变换器如图 18.9(a) 所示。为了确保高频储能式变压器中的能量在每个开关周期内完全释放,在图 18.9(a)拓扑的基础上稍作改进,增加磁复位回路,得到如图 18.13 所示的拓扑。

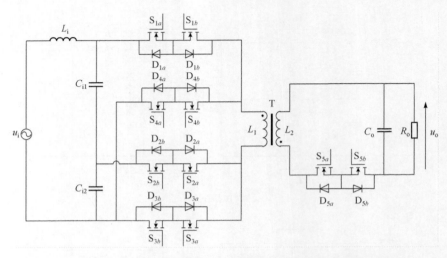

图 18.13 改进的 Buck-Boost 型高频隔离式 TL 交-交直接变换器

18.5.2 四种工作模式

四种工作模式,即 $u_o>0$、$i_o>0$ 时称为 A 模式;$u_o<0$、$i_o>0$ 时称为 B 模式;$u_o<0$、$i_o<0$ 时称为 C 模式;$u_o>0$、$i_o<0$ 时称为 D 模式。阻性负载时,变换器只有 A 模式和 C 模式;感性负载时,变换器按照 A—B—C—D 工作;容性负载时,变换器按照 A—D—C—B 工作。

变换器在 A 模式下,输入交流电源向交流负载提供能量,CCM 时在一个开关周期内共有三种开关模态,如图 18.14 所示。如图 18.14(a)所示,S_{1a}、D_{1b}、S_{3a}、D_{3b} 导通,其余皆截止,此阶段输入电源向高频变压器储能,输出滤波电容 C_o 向交流负载释放能量,变压器副边绕组上产生第一电平 $-u_i N_2/N_1$。如图 18.14(b)所示,

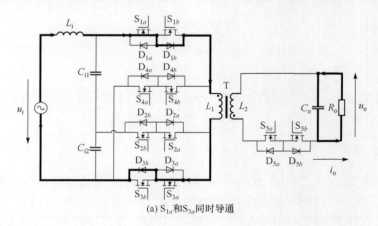

(a) S_{1a} 和 S_{3a} 同时导通

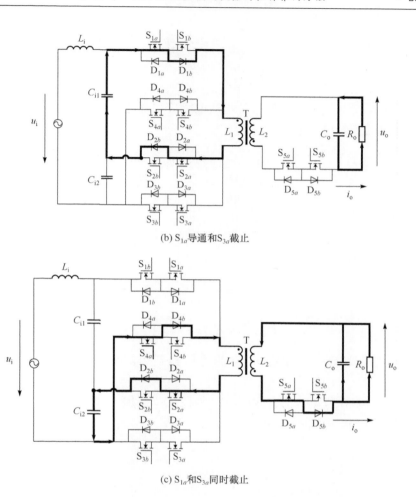

(b) S_{1a} 导通和 S_{3a} 截止

(c) S_{1a} 和 S_{3a} 同时截止

图 18.14　模式 A 下 CCM 时一个开关周期内的开关模态

S_{1a}、D_{1b}、S_{2a}、D_{2b} 导通，其余皆截止，此阶段分压电容 C_{i1} 向高频变压器储能，C_o 继续向交流负载释放能量，副边绕组上产生第二电平 $-u_i N_2/(2N_1)$。如图 18.14(c) 所示，S_{2a}、D_{2b}、S_{4a}、D_{4b}、S_{5a}、D_{5b} 导通，其余皆截止，此期间高频变压器一方面通过 S_{5a}、S_{5b} 向负载释放能量，另一方面通过 S_{2a}、S_{2b}、S_{4a}、S_{4b} 向 C_{i2} 释放多余能量，副边绕组上产生第三电平 $u_i N_2/(2N_1)$。在此模式中 C_{i1} 充当分压、滤波功能，C_{i2} 充当分压、滤波和吸收多余能量的功能。

18.5.3　外特性

　　该变换器的外特性可以采用状态空间平均法来推导。忽略输入滤波电感 L_i 上的压降，由图 18.14(a) 可得

$$
\begin{cases}
L_1 \dfrac{\mathrm{d}i_{L1}}{\mathrm{d}t} = -2r_1 i_{L1} + u_\mathrm{i} \\[2mm]
C_\mathrm{o} \dfrac{\mathrm{d}u_\mathrm{o}}{\mathrm{d}t} = -\dfrac{u_\mathrm{o}}{R_\mathrm{o}}
\end{cases}
\tag{18.1}
$$

式中，L_1 和 i_{L1} 分别为变压器原边绕组的电感量和电流；r_1 为变压器原边侧每条功率开关支路的等效损耗电阻。

由图 18.14(b)可得

$$
\begin{cases}
L_1 \dfrac{\mathrm{d}i_{L1}}{\mathrm{d}t} = -2r_1 i_{L1} + \dfrac{u_\mathrm{i}}{2} \\[2mm]
C_\mathrm{o} \dfrac{\mathrm{d}u_\mathrm{o}}{\mathrm{d}t} = -\dfrac{u_\mathrm{o}}{R_\mathrm{o}}
\end{cases}
\tag{18.2}
$$

由图 18.14(c)可得

$$
\begin{cases}
L_1 \dfrac{\mathrm{d}i_{L1}}{\mathrm{d}t} = -\dfrac{N_1}{N_2}(r_2 i_{L2} + u_\mathrm{o}) \\[2mm]
C_\mathrm{o} \dfrac{\mathrm{d}u_\mathrm{o}}{\mathrm{d}t} = i_{L2} - \dfrac{u_\mathrm{o}}{R_\mathrm{o}}
\end{cases}
\tag{18.3}
$$

式中，i_{L2} 为变压器副边绕组电流；r_2 为变压器副边侧功率开关支路的等效损耗电阻。

由式(18.1)乘以 D_1，加上式(18.2)乘以 D_2，再加上式(18.3)乘以 $(1-D_1-D_2)$，并令 $\mathrm{d}i_{L1}/\mathrm{d}t=0$，$\mathrm{d}u_\mathrm{o}/\mathrm{d}t=0$，且 $N_1 i_{L1}=N_2 i_{L2}$，$r_1/r_2=N_1^2/N_2^2$，可得

$$
\begin{cases}
u_\mathrm{o} = \dfrac{(1-D_1-D_2)\left(D_1+\dfrac{D_2}{2}\right)R_\mathrm{o} N_2}{[R_\mathrm{o}(1-D_1-D_2)^2 + r_2(1+D_1+D_2)]N_1} u_\mathrm{i} \\[4mm]
i_{L2} = \dfrac{u_\mathrm{o}}{R_\mathrm{o}(1-D_1-D_2)}
\end{cases}
\tag{18.4}
$$

又因为 $D_2=D_1(0<D_1<1/2)$，所以可得

$$
\begin{cases}
u_\mathrm{o} = \dfrac{\dfrac{3}{2}D_1(1-2D_1)R_\mathrm{o} N_2}{[R_\mathrm{o}(1-2D_1)^2 + r_2(1+2D_1)]N_1} u_\mathrm{i} \\[4mm]
i_{L2} = \dfrac{u_\mathrm{o}}{R_\mathrm{o}(1-2D_1)}
\end{cases}
\tag{18.5}
$$

在理想情况下，$r_2=0$，则有

$$
u_\mathrm{o} = \frac{3D_1 N_2}{2(1-2D_1)N_1} u_\mathrm{i}
\tag{18.6}
$$

由式(18.6)可知,当 $D_1=1/3$ 时,$U_{\text{omax}}(D_1)=\dfrac{3N_2}{2N_1}U_{\text{imax}}$。

图 18.15(a)和(b)分别为临界 CCM 和 DCM 时的高频变压器的电流波形。图中,电流有三种不同斜率,代表了变压器绕组电压为三电平。令变压器原、副边感值相等,即 $L_1=L_2=L_T$。

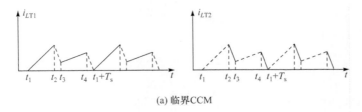

(a) 临界CCM

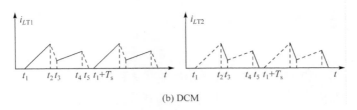

(b) DCM

图 18.15　变压器电流在临界 CCM 和 DCM 时的波形

临界 CCM 时,当 $t=t_1 \sim t_2$ 时有

$$u_i=L_T\frac{i_{LT2}(t_2)N_1}{D_1 T_s N_2} \tag{18.7}$$

当 $t=t_2 \sim t_3$ 时有

$$u_o=L_T\frac{i_{LT2}(t_2)-i_{LT2}(t_3)}{\dfrac{1-D_1-D_2}{2}T_s} \tag{18.8}$$

当 $t=t_3 \sim t_4$ 时有

$$\frac{1}{2}u_i=L_T\frac{[i_{LT2}(t_4)-i_{LT2}(t_3)]N_1}{D_2 T_s N_2} \tag{18.9}$$

当 $t=t_4 \sim t_1+T_s$ 时有

$$u_o=L_T\frac{i_{LT2}(t_4)}{\dfrac{1-D_1-D_2}{2}T_s} \tag{18.10}$$

因此,临界 CCM 时的负载电流 I_o 为

$$I_o=\frac{i_{L2}(t_2)+i_{L2}(t_3)}{2}\cdot\frac{1-D_1-D_2}{2}+\frac{i_{L2}(t_4)}{2}\cdot\frac{1-D_1-D_2}{2} \tag{18.11}$$

因为 $D_1 = D_2$，所以可得

$$I_o = \frac{i_{L2}(t_2) + i_{L2}(t_3) + i_{L2}(t_4)}{2} \cdot \left(\frac{1}{2} - D_1\right) \tag{18.12}$$

由式(18.7)、式(18.8)、式(18.10)和式(18.12)得

$$I_o = \frac{U_i T_s N_2}{L_T N_1} D_1 \left(\frac{1}{2} - D_1\right) \tag{18.13}$$

当 $D_1 = 1/4$ 时，I_o 取最大值为

$$I_{omax} = \frac{U_{imax} T_s N_2}{16 L_T N_1} \tag{18.14}$$

所以临界 CCM 时的外特性为

$$I_o = 8 I_{omax}(-2D_1^2 + D_1) \tag{18.15}$$

同样可以得出 DCM 时变换器的外特性为

$$\frac{u_o N_1 / N_2}{u_i} = \frac{18 D_1^2}{I_o / I_{omax} - 4(2D_1^2 - D_1)} \tag{18.16}$$

由以上分析可得变换器的标幺外特性曲线如图 18.16 所示。曲线 A 和 B 分别为临界 CCM 和 DCM 时的外特性曲线；曲线 C 和 D 分别为理想 CCM 和实际 CCM 时的外特性曲线。

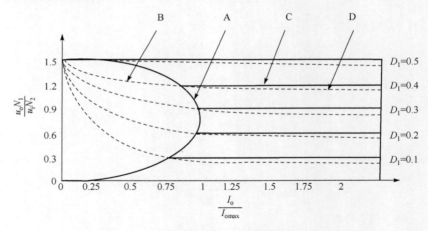

图 18.16　标幺外特性曲线

18.5.4　实验验证

原理样机的主要参数：输入电压 $U_i = 220\text{V} \pm 22\text{V}$(50Hz AC)，输出电压 $U_o = 110\text{V}$(50Hz AC)，容量 $S = 500\text{VA}$，开关频率 $f_s = 50\text{kHz}$，输入分压电容 $C_{i1} = C_{i2} =$

4.7μF,输入滤波电感 L_i＝30μH,变压器原、副边电感 L_{T1p}＝L_{T1s}＝L_{T2p}＝L_{T2s}＝0.2mH,输出滤波电容 C_o＝47μF。

原理样机的主要实验波形如图 18.17 所示。图 18.17(a)和(b)分别为变压器副边绕组电压及其展开波形,可以看出变压器工作在高频状态,绕组电压为三电平。图 18.17(c)为开关管 S_{1a} 和 S_{1b} 的漏源电压,可见与对应的两电平拓扑相比,功率管的电压应力得到了降低。图 18.17(d)为输出电压波形,可见输出电压具有较小的 THD。

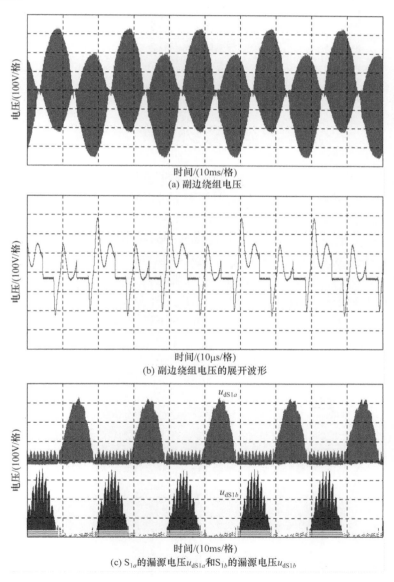

时间/(10ms/格)

(a) 副边绕组电压

时间/(10μs/格)

(b) 副边绕组电压的展开波形

u_{dS1a}

u_{dS1b}

时间/(10ms/格)

(c) S_{1a}的漏源电压u_{dS1a}和S_{1b}的漏源电压u_{dS1b}

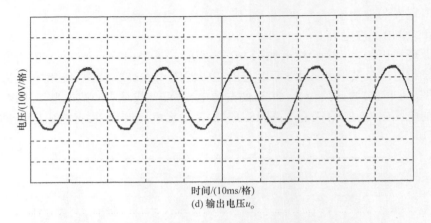

时间/(10ms/格)
(d) 输出电压$u_。$

图 18.17　原理样机的实验波形

本 章 小 结

本章研究了由 TL 向 ML 拓扑进行拓展的拓扑推衍方法。在研究模块法、级联法和回路法的基础上，将这三种方法创新性地应用到交-交直接变换器中，提出了 TL 和 ML 拓扑族，从而将其应用扩展到更高电压、更大功率场合。其中以回路法为重点，系统地提出了 Buck、Boost、Buck-Boost 型等非隔离式和 Buck-Boost、Cuk、Sepic、Zeta 型等高频隔离式交-交直接变换器的 TL 和 ML 拓扑。以回路法构造的 Buck-Boost 型高频隔离式 TL 变换器为例，对工作原理、稳态原理进行了分析，对主要参数的表达式进行了推导，给出了外特性。在理论分析的基础上进行了原理实验，实验结果证实了拓扑推衍方法的正确性和有效性。

第 19 章 ML 交-交直接变换器的应用

19.1 引 言

第 2~18 章系统地提出了非隔离式和高频电气隔离式 TL 交-交直接变换器,并对构成 ML 交-交直接变换器的拓扑推衍方法进行了研究和应用,创造性地构建了完整、统一的 TL 和 ML 交-交直接变换体系,全面、深入、系统地对体系中的变换器的控制策略、工作原理、稳态原理、关键参数设计进行了分析,在理论分析和设计的基础上进行了仿真分析和原理样机实验研究。

本章研究 TL 和 ML 交-交直接变换器的应用。以级联式 Boost 型四电平变换器和 Buck 型 TL 变换器为例,研究在动态电压调节器和静止同步补偿器中的应用。对控制原理和工作原理进行分析,并在理论分析和设计的基础上进行实验研究,实验结果证实了 TL 和 ML 交-交直接变换应用在动态电压调节器和静止同步补偿器中的有效性和先进性。

19.2 动态电压恢复器

级联式 Boost 型四电平交-交直接变换器的电路拓扑如图 19.1 所示,该拓扑是基于电容基本单元的级联法而构成的[67,68]。

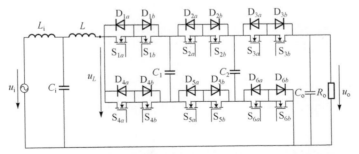

图 19.1 级联式 Boost 型四电平交-交直接变换器的电路拓扑

19.2.1 工作原理

按照电容 C_1、C_2 在一个开关周期内是否具有完整的充放电模式,变换器的工作模式可分为完全和不完全充放电模式。本章重点分析不完全充放电模式。为便于分析,假设变换器中的器件均为理想器件。设功率开关 $S_{4a}(S_{1b})$ 的占空比为 D_1 ,S_{5a} (S_{5b}) 的占空比为 D_2 ,$S_{6a}(S_{6b})$ 的占空比为 D_3 ,设电容 C_1 、C_2 的电压分别为 u_{C1} 和 u_{C2} 。

该变换器工作在四电平模式下,各个开关管的电压应力相同,均为两电平 Boost 型变换器的 1/3,则有

$$u_{C1}=\frac{1}{2}u_{C2}=\frac{1}{3}u_o \tag{19.1}$$

$$D_3-D_2=D_2-D_1=\Delta D \tag{19.2}$$

该变换器按照不完全充放电模式工作时,在一个开关周期内有四个开关状态, 如图 19.2 所示。

(1) 开关状态 1:如图 19.2(a)所示,功率开关 S_{4a} 、S_{5a} 、S_{6a} 导通,储能电感 L 充电,电感电流上升,输出滤波电容 C_o 释放能量给交流负载,此时储能电感电流的增加量为

$$\Delta i_{L1}=\frac{u_i}{L}D_3 T_s \tag{19.3}$$

此阶段 $S_{1a}(S_{1b})$ 的电压应力为 u_{C1} ,$S_{2a}(S_{2b})$ 的电压应力为 $u_{C2}-u_{C1}$,$S_{3a}(S_{3b})$ 的电压应力为 u_o-u_{C2} 。要使各功率开关的电压应力相等,需满足

$$u_{C1}=u_{C2}-u_{C1}=u_o-u_{C2} \tag{19.4}$$

(2) 开关状态 2:如图 19.2(b)所示,S_{3a} 、S_{4a} 、S_{5a} 导通,输入交流电源 u_i 与储能电感 L 同时给交流负载和 C_o 供电,储能电感电流下降,其减小量为

$$\Delta i_{L2}=-\frac{u_o-u_i-u_{C2}}{L}(D_2-D_3)T_s \tag{19.5}$$

此阶段 $S_{1a}(S_{1b})$ 的电压应力为 u_{C1} ,$S_{2a}(S_{2b})$ 的电压应力为 $u_{C2}-u_{C1}$,$S_{6a}(S_{6b})$ 的电压应力为 u_o-u_{C2} 。

(3) 开关状态 3:如图 19.2(c)所示,S_{2a} 、S_{3a} 、S_{4a} 导通,u_i 与 L 同时给负载和 C_o 供电,L 电流下降,其减小量为

$$\Delta i_{L3}=-\frac{u_o-u_i-u_{C1}}{L}(D_1-D_2)T_s \tag{19.6}$$

此阶段 $S_{1a}(S_{1b})$ 的电压应力为 u_{C1} ,$S_{5a}(S_{5b})$ 的电压应力为 $u_{C2}-u_{C1}$,$S_{6a}(S_{6b})$ 承受的电压应力为 u_o-u_{C2} 。

(4) 开关状态 4:如图 19.2(d)所示,S_{1a} 、S_{2a} 、S_{3a} 导通,u_i 与 L 同时给负载和 C_o 供电,L 电流下降,其减小量为

$$\Delta i_{L4}=-\frac{u_o-u_i}{L}(1-D_1)T_s \tag{19.7}$$

此阶段 $S_{4a}(S_{4b})$ 的电压应力为 u_{C1} ,$S_{5a}(S_{5b})$ 的电压应力为 $u_{C2}-u_{C1}$,$S_{6a}(S_{6b})$ 的电压应力为 u_o-u_{C2} 。

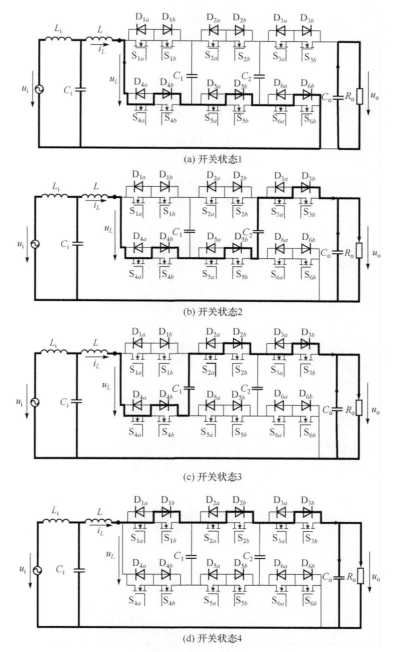

(a) 开关状态1

(b) 开关状态2

(c) 开关状态3

(d) 开关状态4

图 19.2　一个开关周期内的开关状态

变换器稳态工作时,储能电感电流在一个开关周期内的增加量与减小量应相等。则有

$$\Delta i_{L1} + \Delta i_{L2} + \Delta i_{L3} + \Delta i_{L4} = 0 \tag{19.8}$$

由式(19.1)～式(19.3)、式(19.5)～式(19.8)得到电压增益为

$$M = \frac{u_o}{u_i} = \frac{1}{1 - D_2} \tag{19.9}$$

19.2.2　原理实验

原理实验的主要参数:不完全充放电模式,输入交流电源 $U_i = 220V(50Hz$ AC),输出电压 $U_o = 260V(50Hz$ AC),额定容量 $S = 500VA$,开关频率 $f_s = 50kHz$,输入滤波电感 $L_i = 10\mu H$,输入滤波电容 $C_i = 2\mu F$,储能电感 $L_1 = 0.4mH$,电容 $C_1 = 3\mu F$,$C_2 = 6.7\mu F$,输出滤波电容 $C_o = 9.4\mu F$,开关管选用 IRFP460,缓冲电阻为 $10\Omega/2W$,缓冲电容选用 2.2nF/1000V 的高压瓷片电容。

级联式 Boost 型四电平交-交直接变换器的原理实验波形如图 19.3 所示。图 19.3(a)为功率开关 S_{1a} 的漏源电压和输出电压波形,可见功率开关的电压应力约为输出电压的 1/3,相对于两电平拓扑,功率开关的电压应力得到了降低。图 19.3(b)和(c)为储能电感后端电压 u_L 及其展开波形,可见 u_L 具有四电平波形。图 19.3(d)为输入电压和输出电压波形,当输入电压为 220V(AC)时,输出电压为 260V(AC),达到了升压效果,同时输出电压 THD 小于输入电压 THD,波形质量得到了改善。

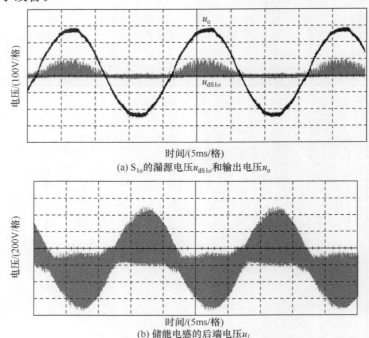

(a) S_{1a} 的漏源电压 u_{dS1a} 和输出电压 u_o

(b) 储能电感的后端电压 u_L

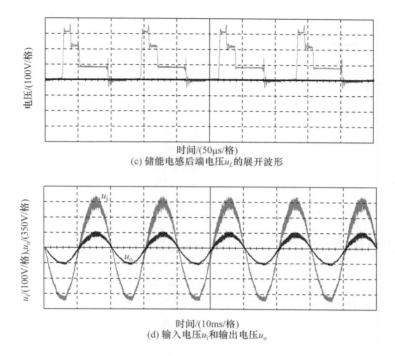

时间/(50μs/格)
(c) 储能电感后端电压u_L的展开波形

时间/(10ms/格)
(d) 输入电压u_i和输出电压u_o

图 19.3　级联式 Boost 型四电平交-交直接变换器的原理实验波形

19.2.3　基于 ML 交-交直接变换技术的动态电压恢复器

动态电压恢复器(DVR)是配电网中的常用设备。传统的 DVR 主要由直流储能系统、逆变电路、滤波电路、串联变压器组成。如果电压暂降在多个工频周期内没有恢复,那么直流储能系统将不能维持输出电压的恒定,还需要整流电路来进行能量传输,这样会增加电路损耗、总体价格以及拓扑的复杂度。

新颖的基于级联式 Boost 型 ML 交-交直接变换器的 DVR 如图 19.4 所示。由于采取了 ML 技术,减小了功率开关的电压应力,从而可以应用到更高电压和更大功率场合。

设输入电源电压是 u_s,电压发生暂降后变为 u_i,负载上电压为 u_L,级联式 Boost 型四电平交-交直接变换器的输出电压为 u_o,变压器原、副边变比为 $n:1$,功率开关 $S_{4a}(S_{4b})$、$S_{5a}(S_{5b})$、$S_{6a}(S_{6b})$的占空比分别为 D_1、D_2、D_3,则电压暂降比例 p 为

$$p = \frac{u_i}{u_s} \times 100\% \tag{19.10}$$

级联式 Boost 型四电平交-交直接变换器,采用不完全充放电工作模式时有

$$u_o = \frac{1}{1-D_2} u_i \tag{19.11}$$

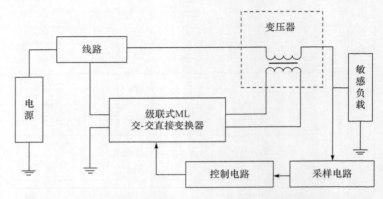

图 19.4　新颖的基于级联式 Boost 型 ML 交-交直接变换器的 DVR

该变换器的输出电压经过变压器后,得到的注入电压 u_{inject} 为

$$u_{\text{inject}} = \frac{1}{k}u_{\text{o}} = \frac{1}{k(1-D_2)}u_{\text{i}} \tag{19.12}$$

若要刚好补偿暂降电压,那么 u_{inject} 必须满足

$$u_{\text{inject}} = u_{\text{s}} - u_{\text{i}} \tag{19.13}$$

由式(19.10)～式(19.13)得

$$p = \frac{1}{\dfrac{1}{n(1-D_2)}+1} \times 100\% = \left[1 - \frac{1}{n(1-D_2)+1}\right] \times 100\% \tag{19.14}$$

占空比 D_2 在理论情况下有

$$0 \leqslant D_2 \leqslant 1 \tag{19.15}$$

实际情况中通常将占空比控制在 0.1～0.9。令稳态电网正常电压为 1pu,根据变压器变比 n 进行讨论。变压器变比与可控范围,如表 19.1 所示。

表 19.1　变压器变比与可控范围

n	最小占空比	最大占空比	p 取值范围	电压暂降可控范围
0.1	0.1	0.9	0.99%～8.26%	0.0099pu～0.0826pu
0.2	0.1	0.9	1.96%～15.25%	0.1304pu～0.5745pu
1	0.1	0.9	9.09%～47.37%	0.0909pu～0.4737pu
1.5	0.1	0.9	13.04%～57.45%	0.1304pu～0.5745pu
2	0.1	0.9	16.67%～64.29%	0.1667pu～0.6429pu
3	0.1	0.9	23.08%～72.97%	0.2308pu～0.7297pu
4.45	0.1	0.9	30.80%～80.02%	0.3080pu～0.8002pu
10	0.1	0.9	50%～90%	0.5pu～0.9pu

由表 19.1 可知，n 值决定了变换器能够恢复电压暂降的范围。根据敏感负载对电压暂降的敏感度可以确定 n 的取值。例如，某负载在电压暂降到原幅值的 80% 以下才对其正常运行造成影响，可根据表 19.1 选取 n 为 4.45。

新型动态电压恢复器的实验波形如图 19.5 所示。图 19.5(a) 和 (b) 为输入电源电压发生暂降后动态电压恢复的波形，可以看出采用级联式 Boost 型四电平变换器方案，即使输入电源电压发生了较大幅度的暂降情况，新型 DVR 仍然能够迅速地将其恢复到额定值，并保证了良好的波形质量。图 19.5(c) 为变换器的储能电感后端电压 u_L 波形，可见变换器工作在多电平高频斩波状态。

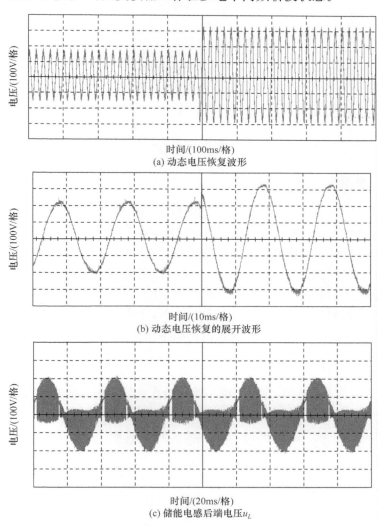

图 19.5　新型动态电压恢复器的实验波形

19.3　静止同步补偿器

Buck 型 TL 交-交直接变换器的电路拓扑如图 19.6 所示。其中，u_L 为输出滤波器前端电压；C_c 为浮动电容；C 为电力电容器[69,70]。

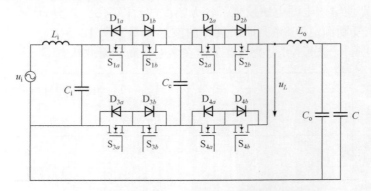

图 19.6　Buck 型 TL 交-交直接变换器的电路拓扑

19.3.1　控制原理

Buck 型 TL 交-交直接变换器可用于构成新型静止同步补偿器（STATCOM）[71]。为了消除非线性负载等产生的高次谐波，变换器需注入与高次谐波频率相同、幅值相等但相位相反的谐波电流。变换器的控制可采用虚拟正交源的控制方法[72]，低压侧产生与基波正交的高频奇次电压波，高频奇次电压波产生高频奇次谐波电流，以补偿负载产生的谐波。为了在低压侧实现虚拟正交源，采用偶次谐波调制，占空比函数是一个常数项与几个偶次正弦函数的和，常数项用于控制产生无功电流，偶次正弦函数用于产生谐波电流。假设占空比为

$$D(t) = k_0 + k_4 \sin(4\omega t + \varphi_4) + k_6 \sin(6\omega t + \varphi_6) \tag{19.16}$$

设输入电压为 $\sqrt{2} U_i \sin(\omega t)$，则输出电压是占空比和输入电压的乘积，即

$$u_o(t) = \sqrt{2} k_0 U_i \sin(\omega t) + \frac{\sqrt{2}}{2} k_4 U_i \cos(3\omega t + \varphi_4)$$

$$- \frac{\sqrt{2}}{2} k_4 U_i \cos(5\omega t + \varphi_4) + \frac{\sqrt{2}}{2} k_6 U_i \cos(5\omega t + \varphi_6)$$

$$- \frac{\sqrt{2}}{2} k_6 U_i \cos(7\omega t + \varphi_6) \tag{19.17}$$

由式(19.17)可以看出,输出电压是基波分量与偶次谐波分量的和。输入电源电流的表达式为

$$I(t) = D(t) \cdot C \frac{\mathrm{d}[D(t) \cdot u_i(t)]}{\mathrm{d}t}$$

$$= I_1(t) + I_3(t) + I_5(t) + I_7(t) + I_9(t) + I_{11}(t) + I_{13}(t) \qquad (19.18)$$

式中

$$I_1(t) = \sqrt{2} U_i \omega C \left[\left(k_0 + \frac{1}{2} k_4^2 + \frac{1}{2} k_6^2 \right) \cos(\omega t) \right] \qquad (19.19)$$

$$I_3(t) = \sqrt{2} U_i \omega C \left[-k_0 k_4 \sin(3\omega t + \varphi_4) + k_4 k_6 \cos(3\omega t - \varphi_4 + \varphi_6) \right] \qquad (19.20)$$

$$I_5(t) = \sqrt{2} U_i \omega C \left[3 k_0 k_4 \sin(5\omega t + \varphi_4) - 2 k_0 k_6 \cos(5\omega t + \varphi_6) \right] \qquad (19.21)$$

$$I_7(t) = \sqrt{2} U_i \omega C \left[4 k_0 k_6 \sin(7\omega t + \varphi_6) + \frac{3}{4} k_4^2 \cos(7\omega t + 2\varphi_4) \right] \qquad (19.22)$$

$$I_9(t) = \sqrt{2} U_i \omega C \left[-\frac{5}{4} k_4^2 \cos(9\omega t + 2\varphi_4) + \frac{3}{4} k_4 k_6 \cos(9\omega t + \varphi_4 + \varphi_6) \right]$$
$$(19.23)$$

$$I_{11}(t) = \sqrt{2} U_i \omega C \left[-\frac{7}{4} k_4 k_6 \cos(11\omega t + \varphi_4 + \varphi_6) + \frac{5}{4} k_6^2 \cos(11\omega t + 2\varphi_6) \right]$$
$$(19.24)$$

$$I_{13}(t) = -\frac{7}{4} k_6^2 \cos(13\omega t + 2\varphi_6) \qquad (19.25)$$

偶次谐波调制函数中包含五个可控变量:一个常数项,两个正弦幅值变量,两个相角变量。常数项用于控制无功电流大小,其余四个变量用于控制奇次谐波电流的幅值和相位。

19.3.2　系统设计与实验结果

1. 系统结构

所设计的新型 STATCOM 系统结构如图 19.7 所示。该系统主要包括同步电路、电流信号采样电路、驱动电路和功率电路等。其中功率电路采用 Buck 型 TL 交-交直接变换器。同步电路用于产生与电网电压频率、相位相同的电压信号,获得电网电压过零点的信息,触发 DSP 内捕获模块,确定无功电流检测计算中的正弦值和余弦值。电流信号检测电路将正弦电流值转化成 0~3.3V 的电压信号,用

于满足 DSP 芯片 AD 采样对电压幅值的要求。

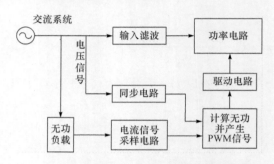

图 19.7　新型的 STATCOM 系统结构

2. 系统软件设计

数字控制芯片采用 TI 公司的 TMS320F2808,它是高性能的 32 位定点 DSP
芯片。软件部分包括主程序、捕获中断服务子程序、周期中断服务子程序和 A/D
转换服务子程序。主程序、捕获中断服务子程序和 A/D 转换服务子程序流程图如
图 19.8 所示。

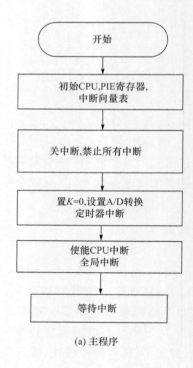

(a) 主程序

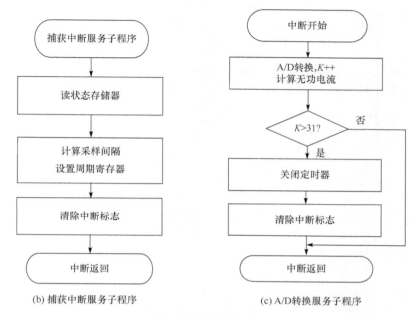

(b) 捕获中断服务子程序　　　　　　　(c) A/D 转换服务子程序

图 19.8　程序流程图

3. 实验结果与分析

STATCOM 样机的主要参数：$S=500\text{VA}$，输入电压 $U_i=200\text{V}(\pm10\%)$，输出电压 $U_o=88\text{V}$，开关频率 $f_s=20\text{kHz}$，占空比 $D=0.4$，输入滤波电感 $L_1=3\text{mH}$，输入滤波电容 $C_i=2.2\mu\text{F}/630\text{V}$，输出滤波电感 $L_o=2\text{mH}$，输出滤波电容 $C_o=10\mu\text{F}$，浮动电容 $C_c=4.7\mu\text{F}$，电力电容器 $C=110\mu\text{F}$，感性负载 $L=100\text{mH}$，$R=54\Omega$，功率开关选用 MOSFET IRFP460(20A/500V)。

STATCOM 样机的主要实验波形如图 19.9 所示。图 19.9(a)为变换器的输入电压和输出电压，可见输出电压 THD 小，幅值约为输入电压的 40%，符合设计要求。图 19.9(b)为输入电压和浮动电容电压波形，可以看出浮动电容电压滞后于输入电压，与理论分析一致。图 19.9(c)和(d)为输出滤波器前端电压及其展开波形，可以看出三电平波形。图 19.9(e)、(f)和(g)分别为感性负载时输入电压和补偿前的感性负载电流、补偿电流和补偿后的电流波形，可以看出基于 Buck 型 TL 交-交直接变换器的 STATCOM 有良好的补偿效果。

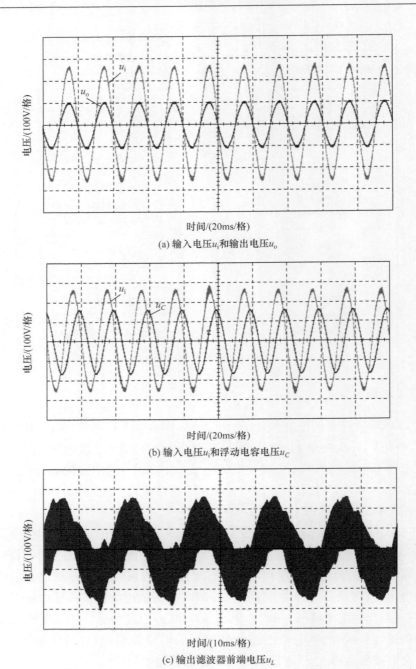

(a) 输入电压u_i和输出电压u_o

(b) 输入电压u_i和浮动电容电压u_C

(c) 输出滤波器前端电压u_L

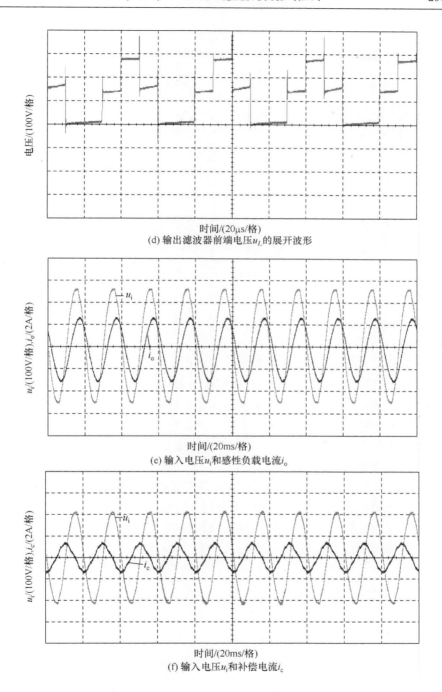

时间/(20μs/格)

(d) 输出滤波器前端电压u_L的展开波形

时间/(20ms/格)

(e) 输入电压u_i和感性负载电流i_o

时间/(20ms/格)

(f) 输入电压u_i和补偿电流i_c

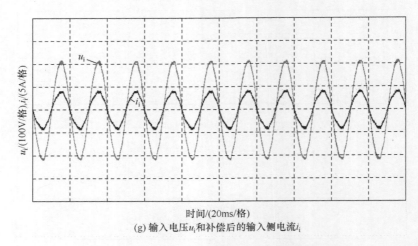

时间/(20ms/格)

(g) 输入电压u_i和补偿后的输入侧电流i_i

图 19.9　STATCOM 样机的主要实验波形

本 章 小 结

　　本章研究了 TL 和 ML 交-交直接变换器的应用。以级联式 Boost 型四电平交-交直接变换器为例,研究了在动态电压调节器中的应用;对该变换器的控制原理和工作原理进行了分析,重点分析了不完全充放电模式,对输出电压和输入电压的关系式进行了推导,对变换器及其应用于动态电压调节器分别进行了实验研究。实验结果与理论分析一致,证实了 ML 交-交直接变换器应用在动态电压调节器中的有效性和先进性。

　　以 Buck 型 TL 交-交直接变换器为例,研究了在静止同步补偿器中的应用;对新型静止同步补偿器的控制原理进行了分析,在理论分析和软硬件设计的基础上,进行了实验研究。实验结果与理论分析一致,证实了 TL 交-交直接变换器应用在静止同步补偿器中的有效性和先进性。

参 考 文 献

[1] Nabae A, Takahashi I, Akagi H. A new neutral-clamped PWM inverter. IEEE Transactions on Industry Applications, 1981, 17(5):518-523

[2] Meynard T A, Foch H. Multi-level conversion: High voltage choppers and voltage-source inverters. Proceedings of IEEE PESC, 1992:397-403

[3] Lai J S, Peng F Z. Multilevel converters——A new breed of power converters. IEEE Transactions on Industry Applications, 1996, 32(3):509-517

[4] Kim Y S, Seo B S, Hyun D S. A novel structure of multi-level high voltage source inverter. Proceedings of EPE, 1993:132-137

[5] Salem A, Elsied M F, Druant J, et al. An advanced multilevel converter topology with reduced switching elements. Proceedings of IEEE IECON, 2014:1201-1207

[6] Barros J D, Silva J F A, Jesus E G A. Fast-predictive optimal control of NPC multilevel converters. IEEE Transactions on Industrial Electronics, 2013, 60(2):619-627

[7] Rivera S, Kouro S, Wu B, et al. Multilevel direct power control——A generalized approach for grid-tied multilevel converter applications. IEEE Transactions on Power Electronics, 2014, 29(10):5592-5604

[8] 何湘宁, 陈阿莲. 多电平变换器的理论和应用技术. 北京:机械工业出版社, 2006

[9] 武晓堃, 李永东, 王奎. 一种新型五电平逆变器电容电压平衡策略研究. 电力电子技术, 2015, 49(2):4-6

[10] 许赟, 邹云屏, 丁凯. 一种改进型级联多电平拓扑及其频谱分析. 电工技术学报, 2011, 26(4):77-85

[11] 丘东元, 张波, 潘虹. 级联型多电平变换器一般构成方式及原则研究. 电工技术学报, 2005, 20(3):24-29

[12] 鲍建宇, 王正仕, 张仲超. 一类单相多电平电流型变流器拓扑的建模分析. 中国电机工程学报, 2006, 26(2):112-115

[13] 李磊, 项泽宇, 胥佳梅. 交错并联反激式三电平逆变器. 电网技术, 2015, 39(3):837-842

[14] Pinheiro J R, Barbi I. The three-level ZVS-PWM DC-DC converter. IEEE Transactions on Power Electronics, 1993, 8(4):486-492

[15] Coelho K D, Barbi I. A three level double-ended forward converter. Proceedings of IEEE PESC, 2003:1396-1400

[16] Coelho K D, Barbi I. A three level double-ended flyback converter. Proceedings of IEEE ISIE, 2003:651-655

[17] Santander A A, Perin A J, Barbi I. A three-level push-pull inverter: Analysis, design and experimentation. Proceedings of IEEE APEC, 1994:668-674

[18] 阮新波. 三电平直流变换器及其软开关技术. 北京:科学出版社, 2006

[19] Jin K, Ruan X B. Zero-voltage-switching multiresonant three-level converters. IEEE Transactions on Industrial Electronics, 2007, 54(3):1705-1715

[20] 戴剑锋,郑琼林. 新型 L-Boost DC-DC 多电平拓扑研究. 中国电机工程学报,2011,31(21): 62-69

[21] Todorcevic T,Ferreira J A. A DC-DC modular multilevel topology for electrostatic renewable energy converters. Proceedings of IEEE IECON,2013:175-180

[22] Liu C W,Wu B,Zargari N R. A novel three-phase three-leg AC/AC converter using nine IGBTs. IEEE Transactions on Power Electronics,2009,24(5):1151-1160

[23] Li L,Zhong Q L. Comparisons of two kinds of phase-shifted controlled full-bridge mode inverters with high frequency link. Proceedings of IEEE PESC,2008:3295-3298

[24] Soto D,Pena R,Gutierrez F. A new power flow controller based on a bridge converter topology. Proceeding of IEEE PESC,2004:2540-2545

[25] Perez M A,Rodriguez J,Fuentes E J,et al. Predictive control of AC-AC modular multilevel converters. IEEE Transactions on Industrial Electronics,2012,59(7):2832-2839

[26] Glinka M. Prototype of multiphase modular-multilevel-converter with 2MW power rating and 17-level-output-voltage. Proceedings of IEEE PESC,2004:2572-2576

[27] Jun W,Keyue M S. Synthesis of multilevel converters based on single and/or three-phase converter building blocks. IEEE Transactions on Power Electronics,2008,23(3):1247-1256

[28] Beristain J,Bordonau J,Gilabert A. A new AC/AC multilevel converter for a single-phase inverter with HF isolation. Proceedings of IEEE PESC,2004:1998-2004

[29] 石勇,杨旭,王兆安. 新型三电平交流斩波电路的输出频谱结构分析. 中国电机工程学报,2004,24(6):106-110

[30] Deepak D,Jyoti S. Inverter-less STATCOMs. Proceedings IEEE PESC,2008:1372-1377

[31] Deepak D,Jyoti S. Control of multilevel direct AC converter. Proceedings IEEE ECCE,2009:3077-3084

[32] Meng Y L,Wheeler P,Klumpner C. Space-vector modulated multilevel matrix converter. IEEE Transactions on Industrial Electronics,2010,57(10):3385-3394

[33] 王浩,刘进军,梅桂华. 一种动态调节电压暂降补偿深度的统一电能质量控制器. 电工电能新技术,2014,33(8):11-14

[34] 杨君东. 单级三电平交-交变换器的研究. 南京:南京理工大学硕士学位论文,2008

[35] Xu J M,Li L. Novel Buck-mode three-level AC direct converter. Proceedings IEEE ICIEA,2014:708-712

[36] Li L,Yang J D,Zhong Q L. Novel family of single-stage three-level AC choppers. IEEE Transactions on Power Electronics,2011,26(2):504-511

[37] 李磊,杨君东. 单级三电平交流斩波器的控制策略研究. 电力电子技术,2011,45(7):24-26

[38] Yang J D,Li L,Yang K M. Buck-Boost single-stage three-level AC/AC converter. Proceedings of IEEE IECON,2008:596-600

[39] Li L,Zhong Q L. Novel Zeta mode three-level AC direct converter. IEEE Transactions on Industrial Electronics,2012,59(2):897-903

[40] 仲庆龙. Zeta 式多电平交-交直接变换器研究. 南京:南京理工大学硕士学位论文,2009

[41] 李俊杰,李磊,都洪基,等. 改进型 Zeta 式三电平 AC/AC 变换器. 电力自动化设备,2010,30 (1):84-87

[42] Zhong Q L,Li L. The non-complementary control strategy of Zeta mode three-level AC-AC converter. Proceedings IEEE IPEMC,2009:1015-1018

[43] Li L,Zhong Q L. The output spectrum of Zeta mode three-level AC/AC converter. Proceedings of IEEE ICIEA,2012:615-618

[44] 唐栋材. 组合式多电平 AC-AC 变换器研究. 南京:南京理工大学硕士学位论文,2009

[45] Li L,Tang D C. Cascade three-level AC-AC direct converter. IEEE Transactions on Industrial Electronics,2012,59(1):27-34

[46] Tang D C,Li L. The improved combination mode three-level AC-AC converter. Proceedings of IEEE IPEMC,2009:1762-1767

[47] 杨开明. 高频环节多电平 AC/AC 变换器的研究. 南京:南京理工大学硕士学位论文,2009

[48] 韦徽. 正激式交-交型三电平 AC/AC 变换器的研究. 南京:南京理工大学硕士学位论文,2008

[49] 韦徽,李磊. 正激式三电平 AC/AC 变换器. 电工技术学报,2009,24(12):109-116

[50] 张占松,蔡宣三. 开关电源的原理与设计(修订版). 北京:电子工业出版社,2004

[51] Tang D F,Li L. Analysis and simulation of push-pull three level AC/AC converter with high frequency link. Proceedings of IEEE ICIEA,2009:3366-3371

[52] Yang K M,Li L. Push-pull mode three-level AC-AC converter. Proceedings of IEEE ECCE, 2009:3045-3048

[53] 朱劲松,李磊. 一种新型隔离式三电平 AC-AC 变换器. 电力自动化设备,2012,32(12): 53-57

[54] Yang K M,Li L. Full bridge-full wave mode three-level AC-AC converter with high frequency link. Proceedings of IEEE APEC,2009:696-699

[55] Xiang Z Y,Li L. A novel high frequency isolated full-bridge three-level AC/AC converter. Proceedings of IEEE ICIEA,2014:9-14

[56] 许奕伟. 带隔离变压器的 Boost 型三电平变换器研究. 南京:南京理工大学硕士学位论文,2012

[57] 赵勤. 反激式交-交型三电平 AC/AC 变换器的研究. 南京:南京理工大学硕士学位论文,2010

[58] 朱玲. 基于 Cuk 变换器的高频隔离式三电平变换器研究. 南京:南京理工大学硕士学位论文,2010

[59] 朱玲,李磊. 隔离式三电平交-交直接变换器. 电力自动化设备,2010,30(8):54-57

[60] 周振军. SEPIC 式三电平智能变压器的研究. 南京:南京理工大学硕士学位论文,2012

[61] 王涛. 高频隔离多电平交流变换器的拓扑推衍方法研究. 南京:南京理工大学硕士学位论文,2012

[62] 胡伟. 基于反激变换器的多模块组合 AC-AC 变换器研究. 南京:南京理工大学硕士学位论文,2010

[63] Li L, Hu W. ISOP current mode AC-AC converter with high frequency AC link. Proceedings of IEEE ICIEA, 2011:1777-1780

[64] 李磊, 胡伟. 输入并联输出串联 AC-AC 变换器的研究. 电力电子技术, 2012, 46(5):69-71

[65] Divan D M, Jyoti S, Prasai A, et al. Thin AC converters——A new approach for making existing grid assets smart and controllable. Proceedings of IEEE PESC, 2008:1695-1701

[66] Wang T, Li L. Forward-mode bridge-form three-level AC/AC converter. Proceedings of IEEE ICIEA, 2012:619-622

[67] 付正洲. 级联型多电平交流变换器及其应用研究. 南京:南京理工大学硕士学位论文, 2012

[68] Fu Z Z, Li L. A class of cascade multilevel converter. Proceedings of IEEE ICIEA, 2011: 2369-2373

[69] 刘娇娇. 基于多电平交流变换器的静止无功补偿器的研究. 南京:南京理工大学硕士学位论文, 2013

[70] Liu J J, Li L. Application of AC converter in STATCOM. Proceedings of IEEE IPEMC, 2012:2819-2822

[71] Prasai A, Divan D M. Control of dynamic capacitor. IEEE Transactions on Industry Applications, 2011, 47(1):161-168

[72] Divan D M, Jyoti S. Voltage synthesis using dual virtual quadrature sources——A new concept in AC power conversion. IEEE Transactions on Power Electronics, 2008, 23(6):3004-3013